AF394978

GUIDE

DU BAIGNEUR

ET DU TOURISTE

PAR

LE DOCTEUR GREUELL

DIRECTEUR DE L'ÉTABLISSEMENT HYDROTHÉRAPIQUE
MEMBRE CORRESPONDANT DE LA SOCIÉTÉ DE MÉDECINE DE NANCY
ET DE LA SOCIÉTÉ D'HYDROLOGIE MÉDICALE DE PARIS

(Avec une carte des environs)

PARIS

OCTAVE DOIN, ÉDITEUR

8, PLACE DE L'ODÉON, 8

1880

GUIDE
DU BAIGNEUR
ET DU TOURISTE
A GÉRARDMER (Vosges)

Saison du 1er mai au 1er octobre

CURES DE LAIT ET DE PETIT-LAIT — BAINS DE BOURGEONS DE SAPINS

NANCY. — IMPRIMERIE BERGER-LEVRAULT ET Cie.

GUIDE

DU BAIGNEUR

ET DU TOURISTE

PAR

LE DOCTEUR GREUELL

DIRECTEUR DE L'ÉTABLISSEMENT HYDROTHÉRAPIQUE
MEMBRE CORRESPONDANT DE LA SOCIÉTÉ DE MÉDECINE DE NANCY
ET DE LA SOCIÉTÉ D'HYDROLOGIE MÉDICALE DE PARIS

(Avec une carte des environs)

PARIS

OCTAVE DOIN, ÉDITEUR

8, PLACE DE L'ODÉON, 8

1880

AVANT-PROPOS.

Tout le monde aujourd'hui s'intéresse à l'hydrothérapie; malade, on en apprécie rapidement l'efficacité; valide, on y recourt souvent par plaisir;
quelquefois même, seulement par curiosité.

Le malade en cours de traitement régulier, est
dirigé par le médecin, qui avec la plus grande solli-
citude, lui fait toutes les recommandations nécessaires, lui indique les précautions à prendre, avant,
pendant et après chacune des opérations qui lui sont
ordonnées. Il n'en est pas moins vrai que, malgré
toute sa bonne volonté, le malade peut n'avoir pas
toujours présents à l'esprit les conseils qu'il a re-
çus, et compromettre le succès de sa cure par l'ou-
bli de quelque détail important, aussi bien que par
un zèle intempestif dans l'accomplissement des
prescriptions.

Car nous sommes souvent obligés de réprimer le
désir de baigneurs, qui sentant dès les premières
douches, une amélioration considérable dans leur

état, seraient tout disposés à en prolonger l'application au delà de la durée prescrite. Et l'on ne saurait trop leur redire, que l'hydrothérapie faite d'une manière irrationnelle, et sans observer scrupuleusement une foule de précautions minutieuses, est presque toujours inefficace, si même elle ne devient pas nuisible.

Il est donc tout à fait indispensable, de mettre à la disposition des baigneurs, une sorte de manuel où ils puissent trouver les indications nécessaires, pour user avec fruit, des ressources si variées d'une méthode de traitement, si universellement et si justement appréciée de nos jours.

Après un résumé historique des diverses phases qu'a traversées l'hydrothérapie, nous nous appliquerons tout particulièrement à la description des nombreux procédés opératoires, et des appareils dont cette science dispose. Nous indiquerons sommairement les différentes impressions qui en résultent, mais nous éviterons soigneusement les détails purement scientifiques. Nous n'ignorons pas pourtant, qu'un grand nombre de baigneurs liraient avec énormément d'intérêt, l'observation bien détaillée d'une affection extraordinaire. Mais comme nous savons aussi avec quelle facilité, à la lecture d'une maladie quelconque, non-seulement les malades, mais encore les personnes valides, s'en attribuent tous les symptômes, nous préférons renoncer, au risque de laisser perdre une partie de l'attrait qui en pourrait résulter pour le lecteur, à raconter, même brièvement, la longue histoire des maladies qui sont du ressort de l'hydrothérapie.

L'on ne doit pas s'attendre, par conséquent, à trouver dans ce travail, l'indication du traitement qui conviendrait à chaque maladie en particulier. C'est là, en effet, la partie la plus scientifique de l'hydrothérapie, celle que le médecin lui-même est tenu d'approfondir davantage. N'est-il pas nécessaire en effet, lorsqu'il s'agit d'instituer le traitement chez un malade, de tenir compte de son âge, de sa constitution, de son excitabilité particulière, etc., etc.?

Le malade, tout en s'aidant d'un traité complet, sera-t-il à même de faire varier, et la force de projection, et la température de l'eau; de calculer la durée que devront avoir les diverses opérations; pourra-t-il juger du moment précis où telle application sera indiquée, à l'exclusion de toute autre ? « Pourquoi l'hydrothérapie, avec ses engins si compliqués, ferait-elle exception aux autres branches de la science ? Tout le monde peut acheter un télescope, mais l'astronome seul peut s'en servir; et l'instrument de chirurgie le plus parfait ne rendra aucun service, s'il n'est dans les mains d'un chirurgien habile. Comment savoir, en effet, le procédé qu'il faut employer, la température et la percussion qu'il est nécessaire de donner à l'eau, la durée de l'application, l'instant où il faut suspendre le traitement, si dans toutes ces appréciations, on n'est pas guidé par un homme expérimenté ? Si intelligent qu'il soit, l'homme du monde ne peut suppléer à l'habitude que possède le médecin qui étudie spécialement ce mode de traitement[1]. » Mais il est inutile d'insister plus longuement, pour faire comprendre tous les inconvénients, les accidents même, qui pourraient résulter d'une semblable pratique. Il est donc bien entendu que nous ne voulons offrir à nos baigneurs qu'un *Guide*, dans lequel ils trouveront tous les principes nécessaires, pour bien suivre le traitement qui leur aura été ordonné. Nous sommes persuadé qu'en remplissant ce simple but, si utile pourtant, nous leur éviterons des tourments, des émotions, des mécomptes peut-être, qu'ils recueilleraient de la lecture d'un ouvrage plus particulièrement médical.

---

1. D\' Beni-Barde, *Traité d'hydrothérapie.*

PREMIÈRE PARTIE

GUIDE DU BAIGNEUR

HYDROTHÉRAPIE

DÉFINITION ET HISTORIQUE

L'*Hydrothérapie*, ainsi que chacun le comprend aujourd'hui, signifie : traitement des maladies par l'usage de l'eau, soit à l'intérieur, soit à l'extérieur, soit qu'on recoure aux deux moyens à la fois.

Ce terme ne préjuge en rien de la méthode que l'on emploie, et est, pour cela, préférable à une foule d'autres expressions, telles que : *hydrosudopathie*, et *hydrosudothérapie*, qui paraissent impliquer nécessairement l'usage des sudations.

Il est facile de démontrer que l'emploi de l'eau, à titre d'*agent hygiénique*, remonte à la plus haute antiquité. Moïse prescrit des ablutions quotidiennes aux Hébreux ;

d'autres peuples : les Scythes, les Mèdes, en dehors de leurs superstitions et de leurs croyances religieuses, considéraient l'eau comme le préservatif d'un grand nombre de maladies.

Mais dès le v° siècle avant notre ère, dans les écrits d'Hippocrate, on trouve des renseignements sur les qualités de l'eau, et son utilité *dans les maladies*. Le grand médecin de l'antiquité savait déjà, en prolongeant plus ou moins les applications d'eau, et en en modérant la fraîcheur, produire à volonté des effets *sédatifs* ou *excitants*. Le Dr Beni-Barde pense qu'il est permis, sans être considéré comme un admirateur exagéré des anciens, de retrouver dans les écrits d'Hippocrate, le germe de l'hydrothérapie moderne.

Celse et Galien préconisent aussi l'eau, pour les *estomacs brûlants*, et pour *rafraîchir les humeurs*.

Le moyen âge est la seule époque où il ne soit fait aucune mention de l'hydrothérapie.

En 1600 et 1700, divers travaux rappellent cette méthode à l'attention publique. Le Dr Wright se guérit lui-même d'une fièvre maligne, sur le vaisseau qui le transportait d'Amérique en Angleterre, par des affusions d'eau de la mer.

Currie, de Liverpool, publie en 1798, un ouvrage, fruit de nombreuses observations, sur l'emploi de l'eau chaude et froide, contre les fièvres.

Avant lui, en 1765, le Dr Pomme, en France, était un partisan ardent de l'hydrothérapie, mais il l'accompagnait de pratiques tellement ridicules, qu'il contribua plutôt à la faire redouter, qu'à en provoquer l'emploi judicieux.

Enfin, le fondateur, le vulgarisateur de la méthode hydrothérapique, fut Priessnitz.

A Græfenberg, petit village de la Silésie autrichienne, perdu au milieu des montagnes, les habitants n'avaient, pour guérir leurs maux, d'autres ressources que celles que la nature leur avait fournies ; c'est-à-dire que l'eau jouait le principal rôle dans le traitement des maladies. Priessnitz, jeune encore, intelligent, et d'un esprit observateur, avait fait la remarque que l'eau, dans bien des cas, avait procuré du soulagement aux animaux malades. Guidé par ses propres observations, et par des indications vagues que lui donne un berger, il guette une occasion favorable pour expérimenter le remède sur l'homme. Elle ne se fit pas attendre. C'est sur lui-même qu'il eut à tenter la première expérience. S'étant brisé deux côtes, il fut déclaré, par les chirurgiens du pays, estropié pour le reste de ses jours. Il se décida alors à essayer de son remède, et il réussit entièrement : sa guérison fut complète. Puis il appliqua son traitement aux fractures, aux entorses et aux accidents de toutes sortes qui survinrent dans son voisinage, et la chronique rapporte qu'il guérissait tout le monde, hommes et animaux. Sa réputation s'étant répandue de tous côtés, il fut obligé de se livrer exclusivement aux soins médicaux. En 1825, on le voit accompagné de son cousin, Gaspard Priessnitz, parcourir les montagnes de la Silésie, et porter son remède de village en village. Sa renommée grandissant avec ses succès, les malades ne tardèrent pas à accourir en foule à Græfenberg.

Bientôt Priessnitz ne se contente plus de l'administration

extérieure de l'eau froide; il la donne aussi à l'intérieur, d'après les conseils du D^r Œrel, dont les louanges exagérées en faveur de la méthode nouvelle, ne contribuèrent pas peu à populariser, en Allemagne, la doctrine du praticien de Græfenberg.

Dès lors, le nombre des malades qui venaient s'abriter sous le toit de Priessnitz s'accrut considérablement.

Quelques hauts personnages, qu'il avait guéris d'engorgements ou d'affections chroniques, ayant pris sous leur protection cette nouvelle thérapeutique, obtinrent du gouvernement autrichien, qu'une commission médicale fût instituée, à l'effet de statuer sur la nécessité de créer un établissement hydrothérapique. Le rapport se prononça en faveur de la méthode, et l'autorisation fut accordée.

« Priessnitz, dans la situation exceptionnelle où il se trouvait alors, ayant sous la main le plus vaste champ d'observation, était en mesure de rendre de grands services, s'il avait consacré sa vaste intelligence au développement scientifique de son œuvre. Mais non : du guérisseur de Græfenberg, il ne reste aucun écrit, aucun témoignage personnel de ses idées et de sa doctrine.

« Ses partisans nous ont laissé, néanmoins, de nombreux documents relatifs à sa pratique ; mais leurs exagérations enthousiastes et leurs folles prétentions, rebutent à chaque pas le lecteur.

« C'en était fait de l'hydrothérapie et de son influence salutaire, si les médecins n'avaient pris en main sa défense, et si quelques-uns n'avaient pas eu la noble ambition de lui créer une place dans la thérapeutique médicale, en lui donnant une base véritablement scientifique [1] ».

En effet, à partir de cette époque, l'hydrothérapie, quoique prônée et judicieusement appliquée, par Scoutetten, Schédel, Baldou, et tant d'autres, eut encore à soutenir bien des luttes, avant d'en arriver à conquérir l'estime et la considération dont elle jouit aujourd'hui. Mais c'est à la persévérance, au zèle infatigable du Dr Fleury, et surtout à la méthode d'expérimentation clinique, qui a dirigé tous ses travaux, qu'elle doit d'avoir été arrachée au domaine de l'empirisme, pour devenir une méthode vraiment scientifique.

Avant d'aborder la description des procédés hydrothérapiques, il nous paraît bon d'entrer dans quelques considérations générales, qui serviront à nos baigneurs, pour toutes les opérations qu'ils pourront être appelés à pratiquer.

Et d'abord, à quel moment de la journée, convient-il d'appliquer le traitement ?

En général, la première opération doit être faite le matin, au sortir du lit. L'heure du lever, au printemps et à l'automne, sera fixée à six heures et demie ou sept heures, et pendant les chaudes journées de l'été, à cinq

---

1. Beni-Barde, ouvrage déjà cité. Tous les détails historiques de cette notice sont empruntés au même ouvrage.

heures et demie, ou six heures. Ce moment de la journée est le plus favorable pour la promenade ; un air plus vif et plus pur pénètre les poumons, et active les fonctions de la respiration et de la circulation : les fines gouttelettes de rosée suspendues à chaque brin de verdure, résistent encore à la chaleur des rayons du soleil, et communiquent, à l'atmosphère, une fraîcheur bienfaisante.

Les baigneurs moins vaillants ou infirmes, peuvent prendre leur déjeuner au lit, dès le réveil, et se rendre à la douche seulement vers dix ou onze heures.

Le moment auquel peut avoir lieu la deuxième application, celle de l'après-midi, est déterminé par la durée de la digestion, achevée d'ordinaire trois heures après le dîner.

A partir de quatre heures donc, les premiers baigneurs pourront procéder à une deuxième opération ; mais ceux qui ne seront venus à l'établissement que vers onze heures ou midi, devront reporter la seconde douche à une heure plus avancée de la soirée.

Rarement, et à vrai dire, presque jamais, nous n'ordonnons trois *douches* dans la même journée ; lorsque trois applications journalières sont jugées utiles, les opérations supplémentaires consistent en *bains de pieds, bains de siége, draps mouillés, immersions dans la piscine,* etc. ; et dans ce cas, l'heure en est régulièrement fixée de la manière suivante : la première a lieu à une heure très-matinale ; la deuxième entre onze heures et midi; la troisième enfin, vers cinq ou six heures du soir.

Si un baigneur parfaitement habitué au traitement peut,

sans inconvénient, prendre une douche courte, immédiatement après avoir mangé, il n'en serait pas de même chez un débutant, ou pour d'autres opérations, telles que les bains de siége, la piscine, etc. ; *il est donc prudent d'être à jeûn, ou d'avoir terminé complétement la digestion du précédent repas, pour se livrer à une application hydrothérapique.*

Quelquefois pourtant, nous avons rencontré des personnes qui étaient sujettes à des vertiges, lorsqu'elles se soumettaient à la douche du matin, étant complétement à jeûn, et chez lesquelles la réaction était alors aussi plus difficile à obtenir. Dans ces cas particuliers, nous croyons utile de faire prendre avant la douche, un potage, un verre de lait, ou un peu de chocolat à l'eau, soit simplement un peu de thé, le tout sans aliment solide ; et cette légère collation suffit d'ordinaire, pour placer ces baigneurs dans d'excellentes conditions pour se soumettre au traitement.

Le baigneur ne doit pas se livrer à une application froide, lorsqu'il éprouve lui-même une sensation de froid.

Le corps doit être préalablement échauffé par la marche ou des exercices de gymnastique. Cependant, au sortir du lit, le malade peut se rendre directement à l'établissement, et y recevoir immédiatement l'application qui lui a été ordonnée. Mais s'il est obligé d'attendre un moment qu'il y ait une place libre, il doit, après avoir prévenu son doucheur de son arrivée, se promener d'un bon pas dans le jardin, ou au moins dans le vestibule de l'établissement. S'il agissait différemment, s'il se tenait immobile, debout ou assis, son corps perdrait la chaleur que lui avait communiquée le séjour au lit, et il ne serait plus bien préparé à recevoir sa douche.

Quelquefois les malades, au retour d'une longue promenade, quittent leur voiture à la porte même de l'établissement, et veulent se présenter immédiatement à la douche.

Nous ne les autorisons jamais à agir de la sorte, et doucheurs et doucheuses savent bien aussi qu'ils doivent prier leurs baigneurs de faire auparavant une légère course, afin d'activer la circulation générale.

Il est très-aisé, d'ailleurs, de concilier les exigences du traitement, avec le plaisir des longues excursions. Si le départ a lieu le matin, le baigneur peut faire sa promenade de réaction sur la route que suivra le reste de sa société. Il suffit que sa douche soit prise assez tôt, pour qu'il puisse précéder de vingt ou trente minutes, la voiture dans laquelle il devra monter, et dont il connaît d'avance l'itinéraire. De même, au retour, il n'aura qu'à quitter la voiture à quelques kilomètres de la ville, et rejoindre à pied l'établissement; la douche alors sera prise avec profit.

Mais, s'il peut être nuisible que le malade se livre à une application hydrothérapique lorsqu'il a froid, il n'y a aucun inconvénient à ce qu'il s'y soumette, le corps étant en sueur.

Il doit seulement dans ces conditions, et nous en expliquerons plus loin les motifs, observer les deux précautions suivantes : que la respiration ne soit pas haletante, sac-

cadée, accélérée outre mesure : et qu'il se déshabille très-
rapidement, afin de mettre le plus court intervalle possible
entre le moment où il aura quitté tous ses vêtements, et
celui où il recevra l'eau froide.

DE LA RÉACTION.

L'eau fraîche en contact avec le corps, produit invaria-
blement les mêmes effets. Il en résulte d'abord, un frissonnement général accompagné de suffocation. La peau
présente le phénomène de la *chair de poule* ; elle pâlit,
semble se resserrer ; et le sang, chassé des vaisseaux capillaires de la périphérie, reflue vers les parties profondes.

Mais bientôt ces impressions désagréables se dissipent ;
la peau se colore et paraît se réchauffer ; la respiration
devient plus ample ; le corps semble plus souple, plus
léger, et l'on croit sentir le fluide sanguin, courir abon-
damment à travers les capillaires, presque vides tout à
l'heure. A la *constriction* générale du début, succède une
sorte *d'expansion*, se traduisant par un sentiment de
bien-être général, par la *Réaction*.

Celle-ci s'obtient plus ou moins facilement, selon la
constitution du malade, selon son âge, et la nature de
l'affection qu'il s'agit de traiter. Il appartient au médecin
d'en faciliter l'établissement, en indiquant exactement la
durée que devra avoir la douche, la température et la

force de projection qu'il faudra lui donner ; mais le baigneur lui-même en favorisera la production, et en retirera tous les bons effets, s'il observe bien scrupuleusement, toutes les précautions générales qui lui sont recommandées, avant et après toute application hydrothérapique.

Beaucoup de baigneurs pensent bien faire, en emportant des fichus, des châles, des manteaux pour s'en couvrir au sortir de la douche. C'est là une précaution bonne après un bain chaud, mais complétement inutile après une application hydrothérapique, à moins que par un temps exceptionnellement froid et pluvieux.

S'ils sont frileux, il vaut bien mieux qu'ils se servent de leurs vêtements supplémentaires pour la promenade de *préaction*, afin d'arriver à l'établissement bien préparés, et le corps suffisamment échauffé ; mais après la douche, ils ne doivent point se couvrir plus qu'ils ne le feraient, s'ils ne suivaient pas la cure.

Lorsque le baigneur quitte l'établissement, sa réaction est faite ; elle s'est produite déjà pendant l'application froide, et elle a été favorisée encore par la friction, le massage, qui suivent chaque opération.

A ce moment, le baigneur a la peau fraîche encore il est vrai, mais malgré cela, il lui semble que la circulation du sang est plus active ; il éprouve une sensation agréable de chaleur intérieure, un bien-être général, *que la promenade de réaction doit entretenir* pendant une demi-heure ou une heure, et il est inexact de dire, après la douche, qu'on va faire sa réaction. Nous nous conformerons pourtant à l'usage communément établi, et nous désignerons sous le nom de *réaction*, l'exercice qui suit toute opération hydrothérapique.

La *promenade de réaction doit toujours être faite en plein air, même par une pluie légère* ; une course au dehors est bien préférable à tous les mouvements réguliers de gymnastique, pratiqués dans les appartements ; et il ne faut recourir à ces derniers, que lorsqu'il y a impossibilité complète d'agir autrement.

Les débutants hésitent parfois à suivre leur cure, par un temps froid et pluvieux, et ils nous trouvent bien cruel, de ne pas leur permettre de l'interrompre en pareille occasion. Il paraît peu agréable, lorsque l'on n'est pas très-habitué à ce genre de traitement, de s'y soumettre par le mauvais temps, mais les effets n'en sont quelquefois que plus remarquables. Nous ne pouvons pas ici, développer les raisons qui devraient faire préférer une température un peu basse, pour le traitement de certaines affections ; mais il est bien prouvé, que le printemps et l'automne sont souvent les saisons les plus favorables à la guérison de nombreuses maladies [1]. L'on comprend, du reste, que le baigneur, au sortir de l'établissement par une journée torride, n'a pas besoin de se donner grand mou-

---

1. Cet avantage d'une température moyenne, pour le traitement hydrothérapique, est l'une des raisons qui font choisir, pendant l'été, les stations situées à une certaine altitude. A Gérardmer, par exemple, même pendant les plus chaudes journées de l'été, l'air possède une agréable fraîcheur, durant une grande partie de la matinée ; et dès quatre ou cinq heures de l'après-midi, la chaleur est très-modérée. Il est donc facile de régler l'heure des opérations selon le tempérament des baigneurs et la nature de l'affection qu'il s'agit de traiter.

vement, pour entretenir la réaction produite par la douche. Il n'en est pas de même si la température est fraîche ; il a plus de mérite alors à se réchauffer après la douche ; la réaction exige de sa part un travail plus actif, et qui met plus énergiquement à contribution, le jeu des fonctions de l'innervation et de la circulation. Il va sans dire pourtant, que la température de la salle de douches, ne doit pas se ressentir du refroidissement de l'air extérieur ; elle doit toujours atteindre un minimum de 15 ou 16 degrés centigrades.

Enfin, même par les plus mauvais temps, on trouve toujours un moyen de développer de la chaleur par le mouvement, et nous avons vu plusieurs fois de charmantes baigneuses, diriger de leurs fines mains gantées, une scie lourde pour elles. La bûche n'était pas rapidement coupée, l'ouvrage n'avançait pas très-vite, mais la réaction était obtenue facilement ; et les éclats de rire qu'excitait leur maladresse dans ce travail nouveau, faisaient oublier le mauvais temps, quelquefois aussi une bonne partie des souffrances habituelles.

Notre recommandation de courir en plein air par tous les temps, nous fait un devoir d'engager nos malades à se munir de bonnes chaussures, garnies de fortes semelles. Les courses dans la montagne exigent cette banale précaution. Nos routes sont belles d'ordinaire, et bien entretenues ; l'eau y séjourne peu, et la nature du terrain s'oppose à la formation de la boue ; mais le granit qui les recouvre est doué d'une telle dureté, que des bottines légères sont mises hors de service en quelques jours.

Enfin, pour affronter les sentiers escarpés, il faut porter une chaussure montante, lacée, et dont la semelle ait une épaisseur suffisante, pour garantir la plante du pied contre les aspérités du sol.

Si la douche a été prise dans le milieu du jour, par les plus fortes chaleurs de l'été, *le baigneur devra éviter de s'exposer trop longtemps aux rayons ardents du soleil, sous prétexte de se réchauffer davantage.* Il devra, au contraire, rechercher un endroit abrité [1], et se munir d'un chapeau à larges bords, où même d'une ombrelle. En observant ces précautions, il sera à l'abri des congestions partielles qui pourraient entraver le fonctionnement régulier de la circulation générale. Pour les mêmes raisons, *il doit bien se garder en automne, ou en hiver, de se réchauffer auprès d'un poêle ou à la flamme d'une cheminée, au sortir de la douche.* Il ne doit compter que sur ses mouvements, ou un exercice régulier, pour activer le jeu des principales fonctions, et favoriser le phénomène de la réaction.

Fièvre de réaction.

Dès le début du traitement, quelquefois, les malades éprouvent une certaine amélioration ; après huit ou dix

------

1. La promenade des *Tilleuls*. Le *Trexeau* et l'allée de marronniers qu longe un côté du Lac conviennent fort bien dans ce but.

jours, par exemple, leur appétit est plus vif, leurs forces semblent augmentées, et ils ont toute confiance dans le résultat de la cure. Puis tout à coup, la scène change ; l'état général est moins satisfaisant. Les uns sont sous le coup d'un abattement complet ; ils ont peine à se mouvoir, et se laisseraient volontiers aller à dormir dans le jour ; d'autres, au contraire, ont le sommeil très-agité, et sont en proie à une excitation extraordinaire. Ces diverses manifestations d'une sorte de crise provoquée par la cure, ne doivent point inquiéter les baigneurs, car il suffit, en général, de modifier légèrement les applications, pour mettre fin à tous ces malaises. Ils ne doivent pas s'effrayer davantage si, durant le cours de leur traitement, ils voient se réveiller d'anciens accidents, ou des symptômes douloureux qui ne s'étaient présentés qu'au début de leur affection. Il semble, dans ces cas, que la maladie ne puisse disparaître qu'en rétrogradant, et en traversant, par conséquent, les mêmes phases qu'elle avait parcourues lors de son invasion.

D'autres fois, la crise se traduit par des symptômes étrangers au mal habituel, par une véritable *fièvre de réaction*. Celle-ci consiste dans une courbature générale, accompagnée d'un mouvement fébrile peu prononcé, et d'un léger embarras gastrique. Sa durée peut être de vingt-quatre heures seulement, et au plus de trois ou quatre jours. Elle doit être attribuée à l'action profondément stimulante de l'hydrothérapie, et est d'ailleurs de même nature que les *poussées*, les *fièvres thermales*, provoquées par l'usage des eaux minérales. Il est rare qu'une fois cette période traversée, le malaise dont il s'agit se montre à nouveau ; à partir de ce moment, d'ordinaire la maladie cède peu à peu. Ajoutons encore *que cette fièvre de réaction* se montre de préférence chez les personnes très-impressionnables ; qu'il est souvent possible de l'éviter, et qu'enfin, loin d'être à redouter, elle a souvent paru d'un bon augure pour l'obtention d'une guérison définitive.

Dans ces diverses circonstances, le meilleur conseil que nous puissions donner à nos baigneurs, c'est de les engager à communiquer au médecin toutes les impressions qu'ils pourront éprouver. Lui seul sera à même de modifier le traitement s'il y a lieu, et de le diriger d'une manière profitable. Que nos malades ne craignent pas de nous rendre compte des phénomènes qu'ils observent ; qu'ils nous confient leurs embarras, leurs appréhensions. Nous serons heureux de leur témoigner l'intérêt dont nous sommes animé à leur égard ; presque toujours leurs craintes seront faciles à dissiper, et leur cure suivra une marche judicieuse.

A cette occasion, nous prions tous les baigneurs, et plus particulièrement les dames, de ne jamais interrompre le traitement, ni pour une raison, ni pour une autre, sans nous avoir demandé conseil. Certaines opérations devront être conduites différemment à tel moment qu'à tel autre ; complétement suspendues peut-être, ou dirigées plus activement dans d'autres circonstances ; mais le médecin seul doit être juge en cette matière ; et des interruptions ou des reprises, réglées par le malade lui-même, seraient souvent faites au grand préjudice de son affection.

DU RÉGIME.

Priessnitz condamnait tous ses malades au pain bis, assaisonné de lait caillé. C'était là une exagération ridicule dont nous sommes affranchis aujourd'hui. Certes, les excès doivent être évités, mais une plus grande variété dans le choix des aliments, est plutôt utile que nuisible.

Le premier déjeuner, composé de chocolat, de café, de lait ou de thé, peut fort bien être suivi dans le milieu du jour, d'un repas substantiel comprenant : le potage, une ou deux sortes de viande, du poisson et un légume. Le souper sera moins copieux, afin de ne pas surcharger l'estomac au moment du sommeil. Ce qu'il faut enfin, c'est une nourriture appropriée à la constitution et au tempérament de chaque malade.

La bière, interdite en principe pendant le traitement, sera toujours prise en petite quantité ; le café noir, accompagné de l'inséparable verre de liqueur, sera permis aux uns, tandis qu'à d'autres, l'usage de ces excitants sera formellement interdit.

Après le repas, quelques baigneurs se laisseraient volontiers aller à dormir. C'est là une tendance funeste à laquelle ils doivent résister de tout leur pouvoir, car il en résulterait un alanguissement de la circulation, qui non-seulement annulerait les effets de l'hydrothérapie, mais serait capable encore d'engendrer de nouvelles et dangereuses affections.

Pendant toute la durée de sa cure, le malade devra abandonner complétement le souci de ses occupations habituelles, afin d'obtenir le calme moral, la tranquillité d'esprit qui sont les adjuvants indispensables du traitement. Il est inutile d'insister longuement, pour faire ressortir l'importance de cette recommandation.

Chaque malade devra, selon ses forces, consacrer une bonne partie de la journée à la promenade; l'aspect des beautés de la nature réveille de douces sensations qui élèvent l'âme; et l'air vif, imprégné de senteurs balsamiques, que l'on respire dans nos montagnes, entraîne des modifications salutaires de tout l'organisme.

La musique, la lecture, les jeux de société, occuperont les soirées, et offriront au baigneur de nouvelles distractions. Nous apprécions beaucoup la danse comme exercice hygiénique, utile en même temps qu'agréable, et nous l'autorisons pour la plupart de nos baigneurs; mais elle ne nous semble bonne, qu'à la condition de ne pas être poussée jusqu'à la fatigue, et de ne point enlever une partie des heures qui doivent être consacrées au sommeil. Si la veille est prolongée au delà de dix heures et demie, il en coûtera beaucoup aux baigneuses d'être matinales, et elles s'exposeront à perdre tout le fruit de leur cure pour quelques moments de plaisir.

Lotion.

La lotion est un des procédés hydrothérapiques les plus simples, mais qui acquiert souvent une grande importance, lorsqu'il s'agit, au début du traitement, d'éprouver la susceptibilité d'un malade particulièrement impressionnable.

Les lotions peuvent se pratiquer, soit à l'établissement, soit dans la chambre du malade. Dans ce dernier cas, le baigneur quitte rapidement son lit, à l'arrivée du doucheur, se débarrasse du dernier vêtement, et se place debout dans un bassin très-large, ou dans une baignoire, destinée à recevoir l'eau qui aura mouillé son corps. Muni d'une grosse éponge, bien remplie d'eau à la température voulue, il s'humecte le front et la figure, puis il exprime le contenu de son éponge, sur les épaules, la poitrine et le devant du corps.

L'éponge est imbibée à nouveau, et l'opération renouvelée plusieurs fois de suite. Pendant ce temps, le doucheur agit de la même manière sur la partie postérieure du corps, depuis les épaules jusqu'aux pieds; et après une ou deux minutes, il enveloppe le malade dans un grand peignoir de toile rude, et pratique une vigoureuse friction; une bonne promenade doit suivre cette opération.

Chez les enfants, il est facile aux doucheurs ou aux doucheuses, de faire vivement les lotions, aussi bien sur la partie antérieure que sur la partie postérieure du corps;

mais pour les adultes, toute la surface mise à nu, ne
pourrait être lotionnée aussi rapidement dans toute son
étendue; et il est bon, d'ailleurs, que le baigneur soit
tenu de se livrer à un léger mouvement, en exécutant la
part de travail qui lui est réservée.

Au moyen des *lotions*, appliquées pendant plusieurs
jours, faites d'abord avec de l'eau tempérée, dont on
abaisse le degré à chaque opération, on acclimate aisé-
ment tous les baigneurs, et on les amène bien vite à
supporter un traitement plus actif. Chez les enfants surtout, elles sont précieuses, car pour gagner la confiance
des plus craintifs, il suffit souvent de verser devant eux,
de l'eau chaude dans la provision qui devra servir. Cette
pratique les rend courageux, et il est facile ensuite d'employer de l'eau progressivement plus froide. Bientôt la
curiosité aidant, les petits baigneurs réclament d'eux-
mêmes un traitement plus énergique, et ils reçoivent
bravement, une douche proportionnée à leur âge et à leur
tempérament.

Affusion.

Pour l'affusion, le malade est placé dans la salle de
douches, ou dans une grande baignoire, et il reçoit sur
tout le corps, le contenu d'un ou de plusieurs vases remplis d'eau, à la température indiquée par le médecin.
C'est là un procédé très-primitif, auquel on a rarement

recours d'ailleurs, dans un établissement hydrothérapique, et son action est surtout mise à profit, contre les
accidents nerveux des maladies fébriles graves.

Drap mouillé.

Le malade complétement déshabillé, les pieds reposant
sur un tapis, tourne le dos au doucheur. Celui-ci tient
d'avance le drap entièrement développé, l'étend vivement sur la partie postérieure du corps et par-dessus les
épaules, et le ramène en avant, de manière à envelopper
subitement tout le corps du baigneur. Ce dernier se frictionne le devant de la poitrine et des cuisses, pendant
que le doucheur s'applique à mettre le drap mouillé bien
en contact avec le dos, les reins, les bras, les jambes, etc.

Sitôt qu'il commence à s'échauffer, ce qui arrive généralement après une ou deux minutes, le drap mouillé est
remplacé par un autre, rude et sec, qui sert au doucheur
ou à la doucheuse, à pratiquer une friction méthodique
de tout le corps.

Il est bon que le malade se mouille rapidement le
front avec un coin du drap, avant de le recevoir, à moins
qu'il ne préfère qu'on lui recouvre la tête toute entière
en même temps que le reste du corps, avec le linge
mouillé. Dans ce dernier cas, la précaution que nous
indiquons deviendrait inutile.

Cette opération peut être, dans certaines circonstances,

pratiquée dans la chambre du malade, qui doit alors attendre au lit l'arrivée du doucheur. Lorsque l'opération est terminée, il se rhabille vivement, et fait une promenade pour favoriser la réaction.

Si pour une raison quelconque, une course au dehors est impossible, le baigneur doit se remettre au lit pendant quelques heures. Parfois il pourra survenir dans ces conditions, une légère transpiration; de toute manière, le malade éprouvera bientôt un sentiment de bien-être général, succédant à l'impression désagréable, mais très-passagère, du début de l'opération.

La friction avec le drap mouillé, possède une importance considérable, et son application, lorsqu'elle est bien faite, constitue l'un des moyens les plus précieux dont l'hydrothérapie dispose. Ses effets sont différents, selon que le drap dont on se sert est fortement tordu, de manière à en exprimer presque toute l'eau, et selon qu'il en reste plus complétement imprégné; mais dans les deux cas, l'opération est conduite de la même manière. Le frissonnement qui accompagne le premier moment de l'application, disparaît très-vite, pour faire place à un sentiment de chaleur, et il est facile d'ailleurs d'amoindrir encore chez les personnes craintives, cette impression déjà si courte, en employant de l'eau presque tiède, ou simplement dégourdie.

Quelques malades trouvent que l'application du drap mouillé, provoque au début une sensation plus pénible que celle de la douche. C'est là une assertion exagérée, et dont la valeur est plus apparente que réelle.

En effet, si la douche paraît plus agréable, plus facile à supporter, c'est précisément parce que, grâce aux frictions avec le drap mouillé qu'on lui a faites d'abord, le baigneur est habitué déjà au contact de l'eau froide ; il est acclimaté pour ainsi dire, et c'est même un des avantages inappréciables de la friction en drap mouillé, de permettre d'amener insensiblement les malades les plus pusillanimes, à recevoir bravement la douche.

Mais si l'on voulait, chez tous indistinctement, débuter par l'administration d'une douche, on serait fréquemment arrêté dès le premier pas, par une irritabilité particulière ; souvent l'on risquerait de provoquer des accidents, ou même de rendre complétement impossibles, les tentatives ultérieures de traitement.

Si nous attribuons une si grande valeur à l'emploi de ceprocédé, c'est encore parce qu'il tient le juste milieu entre les autres applications, dont les unes seraient trop excitantes : comme la douche, ou trop sédatives : comme la piscine. De plus, il peut être utilisé plusieurs fois par jour, sans provoquer la moindre fatigue, et chez des malades auxquels aucune des autres opérations ne saurait, dès l'abord, être appliquée.

Enfin, rentrés chez eux, après une cure complète, les baigneurs feront bien d'y avoir recours encore. C'est vraiment là le seul procédé hydrothérapique applicable à domicile, et ils en retireront certainement un plus grand bénéfice, que de l'emploi de toutes les machines forcément incomplètes, qui ont la prétention d'imiter les appareils en usage dans les établissements.

DES MAILLOTS.

Les maillots, destinés à provoquer la transpiration, s'emploient surtout le matin, au sortir du lit. On a recours, selon la constitution des malades, et la nature de l'affection, au *maillot sec* ou au *maillot humide*. Le premier est plus *excitant* que le maillot humide, et pour cette raison, ne convient pas dans certaines formes des maladies nerveuses, où l'irritabilité est le symptôme dominant.

Maillot sec.

Le malade est enveloppé entièrement nu, dans une couverture de laine qu'on a soin de bien fixer autour du cou, pour empêcher l'air de pénétrer ; la couverture doit être assez large, pour faire une fois et demie le tour du corps, et suffisamment longue, pour que l'on puisse en replier l'extrémité inférieure, en avant jusqu'aux genoux ; les bords en sont retenus à l'aide de grandes épingles-broches.

Ainsi emballé, le malade est déposé sur un lit, la tête reposant sur un oreiller de crin, et on le recouvre de plusieurs couvertures, d'un édredon ou d'un lit de plumes. Il doit en général, rester dans cette situation, jusqu'à ce que la transpiration survienne. Lorsqu'elle sera déjà établie, on pourra en favoriser la sécrétion, en faisant boire au patient, un quart de verre d'eau fraîche, de dix en dix minutes. L'opération peut durer de une heure à quatre, et quelquefois cinq heures.

Le contact direct de la laine avec la peau, est fort désagréable pour certaines personnes. Afin d'éviter cet inconvénient, il faut placer d'avance sur la couverture de laine, un drap en toile, et faire le maillot avec ces deux enveloppes, comme s'il n'y en avait qu'une seule.

Maillot humide.

On étend sur un lit une couverture de laine : sur celle-ci, un drap mouillé avec de l'eau froide, plus ou moins tordu, selon les indications fournies par le médecin. Le malade est couché tout nu sur ces enveloppes, et emmaillotté comme dans l'opération précédente.

La sensation de froid répandue sur toute la surface du corps, ne dure pas longtemps; le drap s'échauffe assez rapidement, surtout s'il a été fortement tordu, et le malade éprouve alors une sensation de bien-être, à laquelle succède après une demi-heure au moins, et souvent davantage, l'établissement de la transpiration. Si l'on veut obtenir un effet sédatif beaucoup plus prononcé, on peut à ce moment réappliquer le maillot, et ainsi plusieurs fois de suite, en enveloppant le malade, dans un drap à chaque reprise nouvellement mouillé.

Les deux opérations du maillot sec et du maillot humide, se terminent toujours par une affusion, une immersion dans la piscine, ou par une douche; et le baigneur ne doit être débarrassé de son enveloppe, que dans la salle de douches même, afin d'éviter toute déperdition de calorique avant l'application froide.

Demi-maillot.

Bien des personnes supportent difficilement l'enveloppement complet; il en résulte une excitation telle, que le remède menacerait de devenir pire que le mal. On peut avoir recours chez elles, au *demi-maillot*, c'est-à-dire qu'on laisse libres soit seulement les bras, soit également les jambes, en n'emmaillottant que la partie moyenne du corps.

De plus, le patient éprouve souvent dès le début de l'opération, et surtout lorsque la chaleur des enveloppes commence à s'élever, une sensation de plénitude vers la tête, quelquefois des bruissements d'oreilles, des vertiges, une soif vive, etc. Ces symptômes cèdent d'habitude promptement, à l'application de compresses mouillées, sur le front et les tempes, et à l'ingestion d'une petite quantité d'eau froide.

Quoi qu'il en soit, le tableau que nous venons de tracer pourra inspirer à quelques malades la terreur du maillot; nous avouons du reste, que cet exercice n'a rien de bien réjouissant, et nous comprenons que l'on soit parfois peu sensible à ses charmes. Et dire qu'il existe encore, en Allemagne, des établissements où l'on soumet régulièrement chaque matin, et indistinctement tous les *baigneurs*, à ce supplice. Ah! si les médecins qui les dirigent, étaient contraints pendant quelques semaines seulement, de tenir compagnie à leurs victimes, ils songeraient bientôt à rompre l'irrationnelle uniformité de leurs prescriptions!

Non pas que nous songions à nier en aucune façon l'utilité des maillots. Ils produisent certainement, dans bien des circonstances, les plus heureux résultats, mais nous pensons que l'hydrothérapie possède d'autres moyens plus agréables, de remplir presque toujours, les mêmes indications : ce sont les *étuves* sèches et humides, dont nous parlerons plus tard.

Ceinture mouillée.

La ceinture mouillée peut être appliquée sur l'abdomen, ou plus haut vers le creux épigastrique, soit encore simultanément sur ces deux régions.

Elle consiste en une bande de toile, d'une largeur de 30 à 40 centimètres, selon la taille de la personne à laquelle est destinée, et selon l'étendue qu'elle doit recouvrir. Elle est suffisamment longue pour entourer le corps trois ou quatre fois, et les deux rubans dont elle est garnie, servent à en maintenir le bout libre. On peut encore faire croiser une sorte de bretelle, par-dessus les épaules, pour l'empêcher de se déplacer.

Le doucheur mouille dans l'eau froide, l'extrémité de la bande de toile, et exprime presque toute l'eau dont elle est imbibée. Cette partie humectée est appliquée directement sur la peau, et recouverte de deux ou trois tours de bande sèche, qui empêchent les vêtements de se mouiller.

Cette opération se pratique d'habitude immédiatement après la douche; le malade peut conserver la bande durant tout le jour, et même la réappliquer à nouveau, lorsqu'il se met au lit.

Les *compresses* sont un diminutif de la ceinture mouillée, mais elles ont cet avantage de s'adapter à toutes les régions du corps. Chacun sait en quoi consiste cette application vulgaire de l'eau, et qui rend pourtant souvent de grands services. Tous les jours on s'en sert avec raison, pour calmer les douleurs de l'entorse, de la migraine, de certaines névralgies, de la goutte, etc. Leur emploi cependant, doit être raisonné selon l'effet que l'on désire produire. Une compresse fortement mouillée, par exemple, et remplacée sitôt qu'elle commence à s'échauffer, est éminemment *antiphlogistique*, tandis que si elle est fortement tordue, son action sera plutôt *excitante*.

DES ÉTUVES.

Les étuves consistent en des chambres plus ou moins spacieuses, et plus ou moins richement agencées, dans lesquelles on élève la température à 45° ou 50°. Le baigneur y séjourne un temps suffisamment long pour provoquer une transpiration abondante. Le corps tout entier est plongé dans cette atmosphère surchauffée, et il en résulte souvent un grand malaise, une pesanteur de tête et une congestion pénibles, parfois insupportables. De plus, le malade dans ces conditions est livré à lui-même, c'est-à-dire que la surveillance du médecin est fort difficile, sinon impossible.

Voilà donc des inconvénients, qui font rejeter l'emploi de ce procédé chez un certain nombre de malades, dans le but de provoquer la transpiration ; et il est souvent plus sage d'avoir recours aux bains de vapeur, dits par encaissement, à l'aide desquels on obtient tous les résultats que l'on peut attendre des étuves générales.

Étuve sèche.

Dans l'étuve sèche, la chaleur est obtenue à l'aide d'une lampe à alcool munie de cinq ou six becs, qui servent à régler la température du bain. Cette lampe est placée entre les pieds d'un fauteuil en bois, à claire-voie, fabriqué de telle manière, que l'air chaud circule tout à l'entour du malade, sans cependant qu'aucune partie de son corps puisse arriver au contact de la flamme.

Le malade est assis tout nu sur ce siége spécial, et entouré d'une couverture de laine qui, l'enveloppant depuis

le cou, le recouvre en même temps que le fauteuil ; les
bords de la couverture sont bien assujettis à l'aide de
grosses épingles, et les bouts traînent à terre, de façon à
intercepter complétement le contact de l'air ambiant. La tête
reste donc à l'air libre, et c'est là un immense avantage.
L'opération ainsi pratiquée, devient tout à fait agréable au
baigneur; elle permet une surveillance continuelle de la part
du médecin, et ne donne pas lieu au malaise, à la congestion
céphalique, qui sont à craindre dans les étuves générales.
Des compresses mouillées sont appliquées sur le front, si
le malade se plaint d'une légère pesanteur, et dès que la
sueur est établie, on peut lui faire boire toutes les dix minutes un quart de verre d'eau fraîche.

———

Étuve humide.

Dans l'étuve humide, on élève la température à l'aide
d'un courant de vapeur répandu dans une caisse en bois,
ou mieux, un châssis recouvert de drap ou de toile imperméable.

L'appareil est assez grand pour que le baigneur y soit
assis à l'aise ; de même que dans l'étuve sèche, la tête
reste à l'air libre. Un thermomètre placé sur un des côtés
de la caisse, permet de vérifier continuellement le degré
de l'air intérieur. Au sortir des étuves, dont la durée est
toujours déterminée par le médecin, le baigneur est
plongé dans la piscine, ou placé sous la douche, selon la

recommandation qui lui aura été faite. Une organisation fort simple permet de transformer les deux étuves de vapeur simple en *bains térébenthinés*.

Les bains de vapeur ont une action bienfaisante incontestable et incontestée, mais leur emploi trop fréquent amènerait bientôt un état d'épuisement général, si la sudation n'était pas suivie d'une application froide, soit en lotion, soit en douche. Nous nous rappelons avoir employé durant trois mois consécutifs, presque journellement, des étuves de vapeur chez un malade à constitution extrêmement délabrée, et en proie à une affection très-grave. Ce malade, qui au début du traitement avait peine à faire quelques pas sans aide, nous a quitté complétement guéri, et avec un certain degré d'embonpoint. Comment se fait-il que nous ayons pu obtenir un pareil résultat en appliquant aussi fréquemment, sur une constitution très-affaiblie, des sudations qui entraînaient, à chaque séance, une perte de poids du corps s'élevant à 200 ou 250 grammes ? C'est que, par ses effets excitants et toniques, la douche qui suivait chaque sudation s'opposait à l'action débilitante de l'étuve, et imprimait à tout l'organisme une nouvelle vigueur. Les fonctions digestives, entre autres, participaient à ce relèvement général ; l'appétit se développait, et les aliments étaient facilement assimilés.

Mais quelle barbare pratique, diront les débutants, que celle qui consiste à plonger le malade dans la piscine, ou à l'inonder sous la douche, alors qu'il est bien échauffé, en pleine transpiration ! Chacun sait pourtant que c'est là pour le moins une grande imprudence ; c'est courir volontairement au-devant de la pleurésie et de la fluxion de poitrine ! Eh bien, leur répondrons-nous : voyez ce qui se passe chaque jour ici, comme dans tant d'autres établissements ; bientôt, d'ailleurs, vous reconnaîtrez vous-mêmes, que jamais l'eau froide n'est si agréable à recevoir, que lorsque le corps est bien échauffé. Pour éviter tout accident dans de pareilles conditions, il suffit de se livrer à l'eau froide sans hésitation, et de laisser le plus court intervalle possible, entre le moment où l'on quitte l'étuve, et celui où le corps est mis en contact avec l'eau. La piscine est à un pas seulement de l'étuve ; la douche en est très-rapprochée, et pour s'y rendre, le baigneur est recouvert d'un peignoir. Encore une fois, la seule précaution à observer à la sortie du bain de vapeur, c'est d'aller vite; car sitôt que le malade aura été mouillé, il n'aura plus à craindre de refroidissement, et il sait déjà, qu'après la douche, il doit favoriser la réaction par une bonne promenade.

On a cité pourtant, des exemples d'accidents survenus à la suite de bains froids, pris le corps étant en sueur. Les faits paraissent avérés, mais ils ont souvent reçu une interprétation erronée.

Deux hypothèses principales sont à examiner : parfois le baigneur, excité par une course rapide, et la *respiration haletante*, se débarrasse à la hâte de ses vêtements et se jette à l'eau au plus vite. Il commet, dans ces conditions, une grave imprudence, car *il n'aurait pas dû se livrer à l'eau froide avant que la respiration fût ralentie, régu-*

larisée ; de plus, il est possible qu'il n'eût pas eu à se repentir d'en avoir agi ainsi, s'il s'était contenté d'une immersion de courte durée.

Souvent aussi, le baigneur arrive au bord de la rivière, échauffé par la marche, et le corps tout en sueur ; il se déshabille lentement, puis il séjourne sur la rive, à demi-vêtu encore ; d'ordinaire il quitte tous ses vêtements, et se promène en costume de bain, jusqu'au moment où, la transpiration étant complétement évaporée, il ressent un léger *frisson* parcourir son corps ; alors il juge qu'il est en bon état pour prendre son bain, et il se jette à l'eau. Et si, après une immersion faite dans de telles conditions, il est pris de fièvre ou d'une affection des voies respiratoires, il ne manquera pas de dire qu'il aurait dû attendre plus longtemps encore, avant d'entrer dans l'eau. N'est-il pas bien évident pourtant, que *le refroidissement* a été contracté avant l'immersion ? Ne voit-on pas maintenant quelle différence énorme distingue une telle manière de faire, de la pratique conseillée par la méthode hydrothérapique.

Chez nous, le malade passe rapidement de l'étuve, à la piscine ou à la douche. Il n'y a *pour lui aucun danger de refroidissement* dans cet intervalle ; de plus, il est calme, *sa respiration se fait régulièrement* ; enfin, *la durée de l'application froide est très-courte généralement,* et dans tous les cas, proportionnée à son aptitude à réagir.

———

Piscine.

La piscine dont nous venons de parler est un réservoir rempli d'eau, d'une capacité suffisante pour que le baigneur puisse y faire quelques brasses. Pour les malades moins hardis, on installe, tout à l'entour du bassin, des barres d'appui qui leur permettent, en se maintenant d'une main, de plonger pourtant le corps entier dans l'eau. Ils doivent, pendant toute la durée de l'immersion, se livrer à un mouvement continuel, se frictionner de la main restée libre, la poitrine, les jambes, etc., afin d'activer la circulation générale.

La piscine, pour produire un effet salutaire, doit être prise sans hésitation ; le baigneur doit s'y jeter le plus rapidement possible, et plonger la tête sous l'eau, si cette pratique ne lui est pas trop désagréable. On comprend fort bien que la sensation de l'eau froide, montant progressivement de la cheville jusqu'aux parties supérieures, est plus pénible que celle qui surprend le corps, mouillé subitement sur toute sa surface. Les escaliers ne doivent guère servir qu'aux personnes âgées ou infirmes, qui ne jouissent pas d'une entière liberté de mouvements ; et encore, pour elles, il est facile, après s'être mouillé le front, et aidées par le doucheur ou la doucheuse, de se laisser glisser sur les marches inférieures. Cette immersion n'a jamais une longue durée : une ou deux minutes au plus ; et quelques secondes seulement, si elle vient déjà après une autre application froide.

La hauteur de l'eau dans la piscine est de 1^m,20 à l'entrée, et le fond est incliné jusqu'à la sortie, où il atteint 1^m,40 de profondeur. Un courant d'eau vive la traverse continuellement pendant le jour, et chaque soir l'eau en est entièrement renouvelée.

Bains de siége.

Les bains de siége sont placés dans de petites chambres séparées de la salle de douches. L'appareil le plus fréquemment employé, est construit en zinc ou en cuivre, et peut recevoir à volonté de l'eau chaude ou de l'eau froide. Il sert à différentes applications.

Le bain est dit *à eau dormante*, si la même eau reste dans l'appareil, pendant toute la durée de l'application.

Il est dit *à eau courante*, si cette eau s'échappe au fur et à mesure de son arrivée. Une soupape placée au fond du bain, selon qu'elle est ouverte ou fermée, sert à obtenir ces deux effets.

L'on peut encore faire un bain *à eau dormante*, et appliquer en même temps, une douche dorsale ou lombaire. La soupape inférieure étant fermée, l'eau ne s'écoule que lorsqu'elle a atteint le trop-plein placé sur le côté de l'appareil, un peu au-dessous du bord antérieur du bain de siége.

La *douche dorsale* est fournie par un jet étalé, émanant du dossier de l'appareil ; selon la hauteur du tabouret sur lequel le malade est assis, la douche devient *dorsale* ou *lombaire*.

Sur le pourtour du bain de siége, dans sa partie la plus évasée, se trouvent plusieurs rangées de petits trous, fournissant la *douche circulaire du bain de siége*, dite *douche en épingles*. Elle consiste en une quantité innombrable de petits jets, convergeant vers le centre de l'appareil.

De la paroi antérieure de la même machine, émerge un petit tuyau d'un centimètre de diamètre, pouvant lancer un *jet simple*, ou en *pomme d'arrosoir* sur le périnée. Mais il est plutôt destiné à recevoir une canule, pour les *injections vaginales*.

Enfin, du fond du bain émerge un embout de même diamètre, auquel peut s'adapter un ajutage en jet ou en pomme d'arrosoir, fournissant la douche *périnéale*, et *hémorrhoïdale* ou *rectale*.

Les différentes applications à eau courante, conviennent dans un grand nombre d'affections, mais surtout lorsque l'on veut produire une *action excitante*. La durée en est alors généralement très-courte : de quelques secondes à une ou deux minutes au plus.

Lorsque l'on recherche un effet *sédatif*, au contraire, l'application du bain de siége est généralement plus longue, et se fait à l'*eau dormante* ou *tempérée*. Dans ce cas, le malade est placé en dehors de la salle de douches, dans un des cabinets spécialement affectés à cet usage. Toutes les régions du corps qui ne sont pas destinées à être mouillées, seront recouvertes d'un peignoir, ou avec une partie des vêtements. Avant d'entrer dans le bain, surtout s'il est froid, le malade doit s'humecter légèrement le front, et il sera nécessaire, plus encore que pour toutes les autres applications hydrothérapiques, que la digestion du précédent repas soit complétement achevée. L'opération est terminée par une friction, et suivie d'une promenade de réaction, pendant laquelle le baigneur devra éviter de s'asseoir sur une pierre, ou sur la terre imprégnée d'humidité.

———

Douche ascendante.

La douche ascendante, c'est-à-dire le lavage à grande eau de l'intestin, est installée au centre d'une cuvette anglaise. Elle consiste en un tube de métal, auquel on adapte une canule rectale. Ou bien, l'eau est amenée par un tube de caoutchouc d'une certaine longueur, et muni d'un embout en métal destiné à recevoir la canule. Un robinet placé à portée du baigneur, lui permet de faire varier à volonté la pression de l'eau. Ces lavements à forte pression combattent heureusement, la *constipation* résultant de l'*atonie*, ou de la *contracture* intestinale ; mais il est prudent, de ne pas donner à l'eau une grande pression, dès le début. Il faut aller progressivement, et recommencer plutôt l'injection à plusieurs reprises, que de la faire d'emblée très-puissante.

———

Bains de pieds.

Certaines personnes disposées à la congestion céphalique, se trouvent bien, de plonger un instant les pieds dans de l'eau à 45 ou 50°, immédiatement après la douche. Mais cette dérivation vers les parties inférieures n'est que momentanée. Elle est souvent suivie de réaction en sens inverse, et les baigneurs éprouvent bientôt une sensation de froid vers les extrémités inférieures. Il est plus rationnel, dans de semblables conditions, de faire cette *immersion rapide* des pieds dans l'eau chaude, avant la douche froide. L'activité circulatoire de ces parties ainsi stimulée, pourra être conservée plus longtemps.

Quant au *bain de pieds chaud*, que nous avons quelquefois l'occasion d'ordonner, il ne diffère en aucune façon, de celui que l'on emploie journellement, dans le but d'appeler le sang vers les extrémités inférieures ; nous n'avons donc point à nous en occuper spécialement.

Les *bains de pieds froids* se donnent surtout à l'*eau courante*, soit dans des appareils spéciaux, soit dans le bain de siége que nous avons décrit, ou encore dans le courant qui alimente la piscine. Ils sont toujours de *courte durée*, et ne doivent, ainsi que toutes les autres applications d'eau froide, être employés, que lorsque le corps aura été préalablement échauffé par la marche.

Au moment d'entrer dans l'eau, le malade se mouille le front et les tempes, et pendant toute la durée du bain, il agite ses pieds et les frotte l'un contre l'autre. Le doucheur ou la doucheuse, exercent ensuite une bonne friction, en essuyant minutieusement, l'eau qui pourrait séjourner dans les intervalles des orteils, et une bonne promenade suit l'opération.

Nous arrivons maintenant aux grandes douches, à l'aide desquelles se pratiquent les opérations les plus efficaces, de la méthode hydrothérapique. Ce sont les douches *verticales*, comprenant : la *douche en pluie*, la *douche en colonne*, la *douche en cloche*. Puis, les douches *mobiles en pluie, en lame*, et la plus importante de toutes, la *douche mobile en jet*. Enfin, la *douche écossaise*, et la *douche en cercles*.

Douche verticale en pluie ou pomme d'arrosoir.

Elle consiste en une pomme d'arrosoir de 30 centimètres de diamètre, percée d'un grand nombre de trous de la grosseur d'un millimètre, située à $2^m,50$ ou 3 mètres au-dessus du sol à claire-voie sur lequel est placé le malade. L'eau y est amenée par une conduite de 5 centimètres de diamètre ; l'écoulement en est réglé par une soupape terminée par un levier, mis en jeu lui-même par une corde, qu'un système de poulies ramène à portée de la main de l'opérateur.

Le malade bien préparé à recevoir la douche, la tête nue, ou recouverte d'un bonnet imperméable ou d'une serviette, se tient debout, complétement déshabillé, sous la pomme d'arrosoir qui lui a été indiquée, et la douche est mise en mouvement.

Le premier effet de l'eau tombant sur la partie supérieure du corps, est un sentiment de froid, accompagné de suffocation. Instinctivement le malade frissonne et respire bruyamment. Quelques-uns poussent un léger cri ; et ils ont bien raison, de ne pas réprimer cette manifestation passive de leurs sensations.

Il est grandement préférable, lorsqu'on n'est pas encore suffisamment habitué à l'eau, pour respirer tranquillement sous la douche, de soupirer, de crier même, de ne pas réprimer enfin cette émotion toute naturelle, que de contenir sa respiration. En résistant trop violemment contre l'expression de ce sentiment, on provoquerait une raideur, une contracture de tous les muscles, qui entraveraient certainement l'action bienfaisante de la douche. D'ailleurs, le refroidissement dure peu ; il est bien vite suivi d'une sensation de chaleur agréable ; la peau se colore, la réaction est obtenue. La douche, dès lors, doit être interrompue ; s'il en était autrement, le malade éprouverait bientôt un *deuxième frisson*, qu'il faut toujours éviter, car il serait plus intense que le premier, et la réaction ensuite serait beaucoup plus difficile à obtenir.

Ces recommandations sont applicables à tous les procédés hydrothérapiques, et nous insistons encore auprès de nos baigneurs, pour les engager à observer ponctuellement, dans toutes les phases de la cure, les règles générales qui leur sont indiquées ; ils doivent surtout, en ce qui concerne la durée des douches, se garder d'entraîner les doucheurs ou les doucheuses, à enfreindre les prescriptions du médecin: *Une douche trop courte ne fait jamais de mal; trop longue, elle peut souvent être nuisible.*

Quelques baigneurs aiment mieux se placer sous la pluie, alors qu'elle fonctionne déjà; il n'y a aucun inconvénient, sous ce rapport, à céder aux préférences de chacun; mais que l'un ou l'autre procédé soit employé, il faut que le malade reçoive la douche avec calme, sans appréhension, et qu'il maintienne autant qu'il lui sera possible la régularité de la respiration. Il ne devra faire aucun effort; et dans le but de favoriser le repos des muscles, nous lui conseillons de se frictionner, à l'aide des mains, la poitrine, les cuisses ou d'autres parties du corps. Son attention, de cette manière, est détournée de l'objet qui en faisait la principale occupation, et il arrive presque toujours que, l'opération terminée, le baigneur soit tout surpris de l'avoir si bien supportée. Du reste, la première douche ne doit avoir que quelques secondes de durée; elle va ensuite en augmentant, jusqu'une à deux minutes. Il n'y a aucun avantage à se servir d'eau tiède au début; la crainte du baigneur pusillanime n'en est pas amoindrie, et la sensation est peut-être plus désagréable encore pour les débutants, que celle de l'eau fraîche; il vaut mieux, lorsque l'on doit en venir plus tard à l'eau froide, l'employer dès l'abord, mais s'en tenir à une simple aspersion fort courte.

D'habitude, la douche en pluie précède la douche mobile en jet; d'autres fois pourtant, elle doit être appliquée seule. Cette opération est suivie d'une bonne friction, et la réaction doit être maintenue par la marche, ou un exercice régulier.

Douche verticale en colonne.

La douche en colonne est alimentée par un tuyau de 5 centimètres de diamètre; son extrémité, recourbée à $2^m,50$ ou 3 mètres au-dessus du sol, reçoit un embout muni d'une soupape et d'un levier, dirigés par le même mécanisme que celui de la douche en pluie. L'orifice de cet ajutage, donne l'écoulement à un jet, vertical de 3 centimètres de diamètre. On a rarement recours à cet appareil, car s'il produit souvent de bons résultats, son application peut parfois entraîner quelques inconvénients.

La principale difficulté de son emploi, est due à ce que le malade lui-même, doit diriger son corps de telle manière, que le jet vienne le frapper ainsi qu'on le lui aura prescrit. L'eau, en effet, tombe continuellement de la même hauteur, avec la même force, pendant toute la durée de la douche; et il est impossible au médecin ou au doucheur, d'en modérer l'action, selon les régions du corps qui devraient être ménagées. Il n'en est plus de même, ainsi que nous le verrons plus tard, avec la douche mobile en jet, qui remplit plus judicieusement toutes les indications.

Quoi qu'il en soit, le baigneur qui aura déjà une habitude suffisante de l'hydrothérapie, pourra, avec l'autorisation du médecin, recevoir la douche en colonne.

En général, voici comment il devra s'y soumettre :

Toutes les précautions préliminaires recommandées pour les autres opérations étant bien observées, le malade se place sous la douche, avant l'écoulement de l'eau, ou l'appareil préalablement ouvert, selon son goût; mais il doit avoir soin, d'élever d'avance ses deux mains réunies au sommet de la tête, de façon à briser la colonne d'eau. Après quelques secondes, il écarte la partie supérieure du corps de la direction du jet, et, se tenant d'une main à la barre d'appui, il présente le pied, fait monter l'eau progressivement sur la jambe, la cuisse, les lombes et l'épaule; puis la douche porte sur l'épaule du côté opposé, et suit une marche inverse, en redescendant jusqu'aux pieds.

Le jet ne doit frapper directement aucune partie du corps, mais toujours porter obliquement, et en formant un angle très-ouvert, avec la région qu'il doit atteindre. Il faut surtout éviter, de le faire tomber directement sur la tête ou sur la colonne vertébrale. Nous répéterons enfin, sans craindre les nombreuses redites, que l'exercice est indispensable après la douche.

Douche en cercles concentriques.

C'est une pomme d'arrosoir, dans laquelle les trous sont remplacés par une fissure, d'un demi-millimètre de largeur, régnant sur tout le pourtour de la surface plane; un ou deux cercles plus rapprochés du centre de l'appareil, permettent à l'eau de s'écouler en lames circulaires et concentriques, et avec une très-légère pression. Les effets de cette douche ressemblent beaucoup à ceux de l'affusion simple, et conviennent comme elle, surtout dans les cas, où la douche en pluie produirait une excitation trop vive.

La *douche en cloche* est une pomme d'arrosoir verticale comme la précédente, de laquelle l'eau ne s'écoule, que par une seule fente circulaire.

Douche mobile en jet.

Elle est désignée d'habitude, sous le nom de *lance* ou de *jet* mobile. A la conduite d'amenée de l'eau, placée à proximité du doucheur, on adapte un tuyau de caoutchouc, à l'extrémité duquel est solidement fixé un ajutage en cuivre, muni d'un robinet coudé. Sur cet ajutage, on visse à volonté des lances de différents calibres, depuis la douche *filiforme*, jusqu'à celles de 3 et 5 centimètres de diamètre, et de petites *pommes d'arrosoir*. Le tuyau de caoutchouc, permet de diriger l'appareil dans tous les sens; il doit être doublé d'une étoffe de toile très-solide, afin de pouvoir résister à la pression de l'eau, sans se laisser distendre.

Voilà certes un procédé bien simple, d'appliquer l'eau

froide, et c'est pourtant celui qui joue le plus grand rôle en hydrothérapie. Mais aussi cette douche se laisse manier avec la plus grande facilité; elle peut être modifiée instantanément par la main qui la dirige, de façon à produire les effets les plus divers. A l'aide d'ajutages placés à son extrémité, on peut en varier la forme selon les indications que l'on veut remplir. Une plaque de métal fixée près du robinet, et rendue très-mobile par la pression d'un petit ressort, permet de briser le jet, de l'étaler en forme d'éventail, d'en diminuer la force de projection ; le doigt seul d'un opérateur exercé suffirait à produire ces effets multiples. La douche en jet, obéit, en somme, à toutes les plus petites impressions fournies par la main qui la dirige; tour à tour forte ou mitigée, selon les régions du corps qu'elle devra atteindre, proportionnée à l'aptitude réactionnelle et au tempérament de chaque malade, elle possède des qualités précieuses, que ne peuvent avoir les douches verticales, dans lesquelles l'eau frappe pendant toute la durée de la douche, et indifféremment toutes les parties du corps, avec une pression constante.

Lorsqu'il n'y a pas de contre-indication à l'emploi de la douche verticale en pluie, elle est en général appliquée pendant quelques secondes à nos malades, avant qu'ils ne reçoivent la douche en jet.

Si cette dernière ne doit pas être précédée de la douche en pluie verticale, le baigneur, complétement déshabillé et d'ailleurs bien préparé, confie son peignoir au doucheur, à son arrivée près de la douche, et se mouille rapidement le front et la poitrine, dans le lavabo placé à sa portée. Cette petite opération est immédiatement suivie de la douche, qui est alors reçue sans la moindre impression désagréable.

Respirant librement, se tenant d'une main à la barre d'appui, le malade se présente de face, ou bien le corps placé de trois quarts. Avec la main libre, il se frictionne le devant de la poitrine, les cuisses, etc., et par ses mouvements, facilite la réaction en activant la circulation générale. Pendant ce temps, la douche a porté depuis les pieds jusqu'au sommet de la poitrine; le baigneur se retourne en ce moment, de manière à faire mouiller l'autre côté, sur lequel la douche est promenée en descendant, jusqu'aux pieds. Il est souvent nécessaire de doucher plus spécialement telle ou telle région, d'agir moins vigoureusement sur telle autre; pour ces cas particuliers, les doucheurs ou doucheuses reçoivent des instructions précises du médecin.

Lorsqu'il n'est pas encore bien habitué au traitement, il vaut quelquefois mieux, que le malade commence par présenter le dos au doucheur, qui, d'un mouvement rapide, lui mouille presque instantanément la partie postérieure du tronc et des jambes; il se retourne alors, et reçoit la douche sur la face antérieure du corps, des jambes, et sur les pieds. Une douche semblable peut être donnée en trois ou quatre secondes, et c'est une durée suffisante au début; plus tard, elle est portée progressivement jusqu'à une, mais rarement deux minutes. En commençant par la région du dos, on évite d'ordinaire la suffocation, que peut produire la douche appliquée d'abord sur le devant de la poitrine. Mais le jet ne doit jamais porter en plein sur la colonne vertébrale; on en modère également la pression lorsqu'il est dirigé sur la poitrine, les flancs ou le bas-ventre. Au contraire, on douchera fortement les extrémités inférieures, particulièrement la plante des pieds, que le baigneur devra présenter successivement au doucheur à la fin de l'opération.

La sensation de froid produite par cette douche, est très-passagère; le premier frisson est presque immédiatement suivi de rougeur de la peau, et de ce sentiment de bien-être, qui accompagne la réaction. Celle-ci rendue plus active encore, par la friction pratiquée par le doucheur, est entretenue par une bonne promenade.

———

Douche mobile en arrosoir.

Une pomme d'arrosoir percée de nombreux petits trous, est adaptée à l'extrémité du tube de caoutchouc de la douche précédente. Son action est moins énergique que celle de la douche en jet; on s'en sert plus habituellement chez les enfants ou les personnes délicates.

A côté de l'appareil précédent, on place d'ordinaire le *col de cygne*. C'est un tube arrondi, fournissant un jet dont on peut faire varier la force de projection, en ouvrant plus ou moins le robinet qui y est adapté. Cette sorte d'affusion doit être reçue sur la colonne vertébrale, et le malade peut la faire porter tour à tour sur les différentes parties du dos, en ployant et en redressant le tronc.

Douche écossaise.

La douche écossaise est une douche mobile en jet, double, c'est-à-dire qu'elle est munie de deux tubes de caoutchouc, dont l'un communique avec un réservoir d'eau chaude, et l'autre avec le réservoir d'eau froide. Selon le degré d'ouverture des robinets qui règlent l'écoulement dans ces deux tubes, l'appareil peut fournir de l'eau froide, chaude ou simplement tiède. La douche est donnée d'ordinaire au début avec de l'eau tiède, dont la température est élevée progressivement, jusque 40° ou 50°. Un jet d'eau froide, rapidement promené sur tout le corps, termine l'opération.

Dans la *douche alternative*, on applique plusieurs fois de suite une douche chaude, suivie d'une douche froide, en donnant à chacune la même durée.

Douche en cercles, ou bain de cercles.

Cette douche est formée de huit ou dix tubes arrondis en cercles, présentant sur leur face interne, un grand nombre de petits orifices fournissant autant de jets convergents, et qui viennent frapper toutes les parties du baigneur, placé au centre de l'appareil. Une sorte d'armoire enveloppe le bain de cercles, qui sans cela inonderait toute la salle de douches ; un vitrage, régnant sur ses parois, permet au doucheur ou au médecin, de surveiller les effets de la douche sur le malade.

Le bain de cercles est l'un des instruments les plus énergiques dont l'hydrothérapie dispose, mais il est rarement employé au début du traitement, et sa durée ne dépasse pas d'ordinaire quelques secondes.

Le baigneur complétement nu, et bien préparé, comme pour les autres applications hydrothérapiques, se place au centre de l'appareil ; il est mouillé rapidement par la pomme d'arrosoir dont le bain de cercles est muni ; cette pluie ne dure qu'un instant ; immédiatement le malade reçoit les jets horizontaux ; il se retourne une fois ou deux sur lui-même, et l'opération est terminée. Une friction énergique, et une bonne promenade, doivent en maintenir les bons effets.

Nous avons achevé la description des appareils, et des procédés auxquels pourront être soumis nos baigneurs. Cette courte étude les aidera, nous l'espérons, à suivre leur cure sans commettre d'imprudence. S'ils ne craignent pas de faire appel à notre dévouement, s'ils veulent bien nous consulter au sujet de leurs moindres embarras, de leurs plus petites incertitudes, ils retireront de leur traitement tout le bénéfice qu'ils étaient en droit d'en attendre.

Il nous resterait encore une question importante à traiter, celle relative à la durée du traitement; mais elle nous entraînerait trop loin, et la conclusion que nous en pourrions retirer, semblerait désolante à beaucoup de malades. C'est que rarement, ou même presque jamais, les baigneurs n'accordent à leur cure, toute la durée qu'elle devrait avoir.

Confiants dans une amélioration qui s'est produite parfois très-rapidement, les malades ne songent plus aux longs mois de maladie qu'ils ont supportés, et sont tout disposés à interrompre leur traitement après quelques semaines, alors que, souvent, plusieurs mois auraient été nécessaires pour amener une guérison durable.

Pour ceux-ci encore, cette insouciance pourra ne pas avoir de conséquences fàcheuses; c'est-à-dire qu'après quelques mois, ou un an de bien-être, les premiers symptômes de leur ancien malaise venant à se montrer, ils n'hésiteront plus à recourir de nouveau à la médication qui leur avait si bien réussi. Mais le manque de persévérance serait particulièrement funeste, dans les cas nombreux, où le traitement est difficile à appliquer dès le début.

Ainsi, fréquemment il arrive, que quinze jours ou trois semaines sont nécessaires pour acclimater le malade, et le mettre à même de bien supporter les applications qui lui seraient le plus utiles. Si l'on a à traiter des natures impressionnables, lorsque l'hydrothérapie inspire une répugnance incompréhensible, mais souvent fort vive, ne voit-on pas, avec combien de ménagements, de tâtonnements, il faudra procéder, pour en arriver, des lotions tièdes par

exemple, à la douche froide ? Si dans de pareilles conditions, le malade a fixé d'avance la durée de sa cure à trois
ou quatre semaines, il pourra bien s'en retourner chez lui,
fort mécontent du peu de résultat obtenu.

Ou bien, voyant la difficulté qu'il éprouverait à supporter des applications plus énergiques, il perdrait pa-
tience, s'il n'était soutenu par les exhortations amicales,
mais fermes, du médecin chargé de diriger la cure. Et nous
pourrions citer de nombreux exemples de malades, qui
auraient perdu tout le bénéfice du traitement hydrothérapique, si nous n'avions réussi, par nos instances, à faire
continuer ou reprendre la cure, interrompue quelquefois
par des accidents inhérents à la maladie elle-même, et
qu'on était trop disposé à attribuer au traitement.

D'autres sachant que fréquemment, les bons effets de l'hydrothérapie s'accentuent seulement après la suspension des
douches, escomptent parfois ce résultat tardif et, au risque
de perdre bientôt tout le bénéfice déjà obtenu, abandonnent
la cure, sitôt qu'ils en ont ressenti une légère amélioration.
Mais si parfois quelques semaines suffisent à procurer la
guérison, ou du moins une sérieuse amélioration, dans le
plus grand nombre des cas, plusieurs mois sont nécessaires
pour atteindre ce résultat.

Est-ce à dire encore que tous les malades seront guéris
après quelques mois de traitement ? Ce serait bien notre
plus cher désir, et tous nos efforts tendent du moins à en
augmenter le nombre. Mais l'hydrothérapie n'a pas la
prétention d'être une panacée ; elle obtient des succès
éclatants lorsqu'on a soin d'y recourir en temps oppor-

tun; elle réussit encore dans un très-grand nombre de
maladies invétérées, contre lesquelles d'autres médica-
tions sont restées impuissantes; c'est plus qu'il n'en faut
pour légitimer l'importance qu'elle a conquise, dans la
thérapeutique moderne.

Lait et petit-lait.

Les baigneurs trouvent à Gérardmer du *lait* d'excel-
lente qualité, et dont l'usage pourra souvent leur être utile.
D'ordinaire, nous leur conseillons d'aller le boire au
moment de la traite, dans l'une des nombreuses fermes
qui couvrent nos coteaux; l'exercice forcé qui résulte de
cette ordonnance, rend la cure encore plus salutaire.

Quant au *petit-lait*, dont les applications sont nombreuses[1], il est apporté chaque matin à proximité de
l'établissement hydrothérapique, et maintenu à une température convenable pendant plusieurs heures.

Les précautions habituellement en usage dans les stations d'eaux minérales, sont applicables à la cure du petit-
lait. L'on en prend le matin, à jeun, un verre de 120 à 130
grammes environ; tous les jours la dose est augmentée,
et elle peut être portée jusqu'au maximum de cinq verres
chaque matin. La dose la plus habituelle, est de trois

---

[1]. Il combat efficacement la bronchite chronique, la phtisie commençante, les engorgements du foie et de la rate à la suite de fièvres intermit-
tentes, la constipation, l'obésité, etc.

verres seulement. Une promenade d'un quart d'heure, doit suivre l'ingestion de chaque verre, et la séparer des verrées suivantes. Le médecin, consulté par chaque buveur, décidera s'il convient de mêler au petit-lait une eau minérale quelconque pour en augmenter l'action, ou seulement pour en faciliter la digestion. A la fin de la cure, la dose sera diminuée graduellement, de manière à la terminer par la quantité prise le premier jour.

Le petit-lait n'est pas un de ces remèdes dont l'efficacité procède par des changements prompts et inattendus; il agit avec lenteur, et il faut donc savoir consacrer plusieurs semaines (six ou huit) à ce genre de traitement, si l'on veut en obtenir un résultat quelconque.

La composition chimique du petit-lait lui donne une grande analogie avec les eaux minérales. Il contient les éléments les plus solubles du lait, et surtout un grand nombre de sels; le beurre et la caséine en ont été séparés par la coagulation.

Mais l'assimilation avec les eaux minérales ne paraît pas suffisante au D\' Carrière; il veut encore que ce produit naturel ait une supériorité réelle, sur les eaux minérales possédant une composition analogue. « Les eaux, dit-il, sont inorganiques, le petit-lait est un produit organique; les eaux ont été préparées dans les entrailles de la terre, par un jeu des forces de la nature qu'on peut jusqu'à un certain point comprendre, et même imiter. Le petit-lait est devenu ce qu'il est, sous l'influence d'une force plus puissante encore, la force mystérieuse qui régit les phénomènes de la vie. Le petit-lait est mieux préparé, par conséquent, pour nos organes, que les composés d'un ordre inférieur ; il est plus assimilable, et s'il est donné comme remède, il doit agir avec plus de promptitude et d'efficacité. »

Déjà, en 1860, le Dr Carrière, qui s'est particulièrement occupé de la cure dé petit-lait, regrettait que nous n'eussions pas en France de station organisée pour ce genre de traitement. Eh bien, aujourd'hui encore, les propriétés du petit-lait sont trop peu mises à profit chez nous, mais nous espérons bien qu'il n'en sera pas toujours ainsi. Les buveurs sont encore assez rares à Gérardmer, mais leur nombre ira bientôt grandissant, et il est bon du moins, que nos compatriotes sachent qu'ils peuvent trouver dans leur propre pays, cette bienfaisante liqueur qu'ils avaient pris l'habitude d'aller chercher à l'étranger[1].

Bains de bourgeons de sapin.

Ces bains conviennent dans tous les cas où les balsamiques sont indiqués ; dans la bronchite chronique, dans la bronchorrhée, la phtisie[2] commençante, dans quelques

---

1. Le petit-lait contient du phosphate de chaux, du chlorure de potassium, du phosphate de magnésie, du chlorure sodique, du phosphate de fer, un peu de soude, du sucre et une petite quantité de caséine restée en suspension dans le liquide.

2. Nous avons écrit *phtisie* et non *phthisie*, l'Académie ayant décidé que telle devait être la nouvelle orthographe.

affections des voies génito-urinaires, etc.; ils possèdent
aussi certaines propriétés stimulantes qui les rendent
utiles chez les personnes délicates, chez les enfants lym-
phatiques, etc. Mais, dans ces derniers cas, nous préfére-
rons toujours l'hydrothérapie, lorsqu'il n'y aura pas de
contre-indication à son emploi. Pour le moment, nous ne
nous arrêterons pas davantage sur les propriétés des bains
de bourgeons de sapin ; leur installation est encore trop
défectueuse, pour que nous puissions leur donner l'importance qu'ils mériteraient. Nous nous réservons d'en
parler plus longuement lorsque, dans un avenir prochain,
des cabines vastes, confortables, leur seront attribuées
en nombre suffisant.

DEUXIÈME PARTIE

GUIDE DU TOURISTE

GÉNÉRALITÉS

Gérardmer, petite ville du département des Vosges, située à une altitude de 671 mètres au-dessus du niveau de la mer, appartient à l'arrondissement de Saint-Dié, et se trouve placé à égale distance (29 kilomètres) des villes de Saint-Dié et de Remiremont, sur la route qui relie ces deux chefs-lieux d'arrondissements. Sa distance d'Épinal est de 41 kilomètres.

Gérardmer, dont le nom paraît venir de Gérard d'Alsace, premier duc héréditaire de Lorraine, était très-peu peuplé il y a trois siècles. Son érection en commune date de 1661. Jusqu'il y a cinquante ans, son accès était difficile. Aujourd'hui, de belles routes font communiquer Gérardmer avec toutes les agglomérations voisines. Depuis le mois de juin 1878, Gérardmer est devenu tête de ligne du chemin de fer des Vosges.

Le chemin de fer de l'Est délivre des billets directs depuis la gare de Nancy. Le trajet de Paris à Gérardmer s'effectue actuellement en douze heures; et il y a lieu d'espérer que, dans l'avenir, la durée de ce voyage pourra encore être sensiblement diminuée.

La population de la commune de *Gérardmer* est de 6,402 habitants, dont un tiers environ, seulement, est aggloméré; le surplus est disséminé dans la montagne et habite des fermes plus ou moins importantes. C'est la fabrication et la vente de la toile de lin et de chanvre, du fromage, des articles de boissellerie et du bois de construction, qui occupent toute cette population et lui donnent un mouvement annuel d'affaires de 5 à 6 millions.

La situation de ce pays, au milieu d'un amas de montagnes qui l'entourent et le couronnent, ses lacs, ses cascades, ses forêts de sapins, ses rochers escarpés, font de Gérardmer une Suisse en miniature, et incontestablement la partie la plus pittoresque des Vosges.

« Assis sur la rive orientale d'un lac aux eaux profondes, à une altitude d'environ 700 mètres, entouré d'un cirque de montagnes voluptueusement arrondies, aux flancs ruisselants de milliers de sources, aux sommets couronnés de superbes forêts, baigné d'une atmosphère que parfument les émanations des sapins et les senteurs des prairies, Gérardmer justifie presque le vieux dicton patois : *Si ce n'tôt d'Girômé, aco i peu Nanci, quô que ce s'rôt de la Lorraine?*

« Aussi comprend-on que les médecins aient salué avec joie la création, à Gérardmer, d'un établissement hydrothérapique, et se soient empressés d'y envoyer leurs malades. » (*Progrès médical*.)

Gérardmer est également le centre de belles et nombreuses excursions, sans compter les promenades multiples environnantes.

C'est afin de faciliter l'indication de ces excursions et promenades, qu'est écrit ce petit *Guide*, sans phrases, et uniquement au point de vue pratique, laissant à chacun l'inspiration que fera surgir la vue d'un spectacle sans cesse renouvelé et sans cesse imposant.

Bibliothèque.

La commune de Gérardmer possède, à l'Hôtel de ville, une bibliothèque variée et sérieuse. Le public peut y emprunter un ou deux volumes, les dimanches et jeudis, de 10 à 11 heures du matin, moyennant le dépôt de 2 francs comme fonds de garantie.

Poste aux lettres.

Le bureau de la poste est sur la place du Marché ; il est ouvert au public de 7 heures du matin à 4 heures du soir et aussi de 6 à 7 dans la soirée.

La distribution des dépêches se fait trois fois par jour, à 7 heures du matin, à midi et à 7 heures du soir.

Dernière levée à 9 heures du soir.

Télégraphe.

Le bureau télégraphique est à l'Hôtel de ville; il est ouvert, les jours ordinaires, de 7 heures du matin à midi, et de 2 à 7 heures du soir; le dimanche, de 9 heures à midi, et de 5 à 6 heures de l'après-midi seulement.

Culte.

Le dimanche matin, les messes se disent à 6 heures, 7 heures et 9 heures.

Il existe à Gérardmer un temple israélite.

EXCURSIONS ET PROMENADES.

———

Durant un mois entier et plus, celui qui voudra séjourner à Gérardmer pourra varier ses excursions et promenades, et il aura trouvé tant de charmes et d'attractions à plusieurs d'entre elles, qu'il n'attendra pas, pour les renouveler, qu'il ait épuisé la série de celles qu'il lui sera possible de faire.

Voici, pour le voyageur qui ne pourra disposer que de peu de jours, l'énoncé des excursions et promenades qui sont le plus en vogue :

Le lac de Gérardmer et le vallon de Ramberchamp ; le Saut-des-Cuves ; le Pont-des-Fées.

Ce sont de simples promenades éloignées de 2 à 3 kilomètres.

Les lacs de Longemer et Retournemer ; la Schlucht et le Honeck ; la vallée de Granges et la Glacière ; le Saut-du-Bouchot.

Ces dernières se font généralement en voiture, et d'usage on consacre une journée à chacune d'elles ; cependant on pourra réunir la Schlucht à Retournemer.

La plupart des autres promenades, décrites ci-après, ne peuvent se faire qu'à pied, ou partie à pied et partie en voiture.

On trouvera, dans les hôtels, des voitures comme on pourra les désirer; ils se chargeront aussi, si on le demande, de procurer des guides et même des ânes.

Au surplus, il y a des habitations disséminées dans tout le pays; le voyageur qui se trouverait embarrassé rencontrera, à tout instant, quelqu'un pour lui indiquer obligeamment le chemin qu'il devra prendre.

Le lac de Gérardmer.

Le premier et un des plus beaux coups d'œil à donner en arrivant à Gérardmer, est d'aller visiter le lac qui touche à la ville. La longueur de ce lac est de 2 kilomètres, sa largeur varie de 500 à 800 mètres; sa plus grande profondeur est de 40 mètres, sa surface de 120 hectares et son altitude de 660 mètres au-dessus du niveau de la mer. Ses eaux prennent leur écoulement vers le nord et forment le ruisseau nommé La Jamagne.

Arrivé sur le quai, vous aurez, à gauche, les villas de MM. Cabasse, Besval, de Saulx, de Carcy et de Katendycke; à droite, celles de MM. Hogard, Chanony, Cahen d'Anvers et Vélin. Entre le lac et la route, sur le quai, c'est le chalet d'Alsace.

Faire le tour du lac est une charmante promenade, que l'on ne peut faire entièrement qu'à pied; elle demande une heure et demie de temps. On ne devra pas oublier, lorsqu'on sera arrivé à l'ouest, sur le plateau, entre les deux fermes qui en dominent les eaux, de donner quelques instants, le soir surtout, au panorama que présente la vue du lac, de la ville et des montagnes qui forment le fond de ce tableau.

On conseille aussi d'en faire le tour en nacelle. A l'entrée du petit golfe qui précède la demeure de Mlle de Katendycke, on rencontrera un écho remarquable. Au moyen de la décharge d'une arme à feu, on croira entendre le bruit retentissant et prolongé d'un coup de tonnerre.

Saut-des-Cuves, Pierre Charlemagne.

C'est sur la route de Saint-Dié, à 3 kilomètres de Gérardmer, immédiatement à l'amont d'un beau pont en pierres jeté sur la Vologne, qu'existe la cascade dite le Saut-des-Cuves, ainsi dénommée à cause de la forme des rochers entre lesquels l'eau s'échappe.

Suivre le sentier sur l'une et l'autre rive, et ne pas quitter sans jeter un regard sur le pont en pierres qui donne passage à la route. La hardiesse et la beauté de ce travail méritent cette attention.

On peut visiter le Saut-des-Cuves en se rendant soit à la Schlucht, soit à Retournemer.

C'est en approchant le Saut-des-Cuves, qu'à gauche, à l'entrée de la forêt, à quinze pas de la route, gît sur le sol la pierre dite de Charlemagne, sur laquelle la tradition veut que cet empereur ait pris un repas de chasse.

On peut, du Saut-des-Cuves, arriver au Pont-des-Fées, en longeant la rivière à droite.

La Schlucht.

(Distance, 16 kilomètres.)

C'est le point culminant (1,144 mètres) de la route de Gérardmer à Colmar, par Munster, route constamment carrossable.

A 3 kilomètres de Gérardmer, on pourra prendre un temps d'arrêt pour visiter le Saut-des-Cuves.

Le voyageur devra s'arrêter au passage du tunnel, et s'avancer de quelques pas sur le flanc de la montagne, pour de ce bloc de rochers examiner le fond du vallon, l'entonnoir de Retournemer et sa maison forestière. On jouira d'une vue des plus pittoresques. Ce rocher se nomme *la Roche-du-Diable*.

Un peu plus loin, au delà du tournant de la route, à sa droite, au lieu qualifié avec justesse *Belle-Vue*, on verra toute l'étendue de la vallée que baignent les lacs de Retournemer et Longemer. C'est un paysage remarquablement beau.

Sur le plateau, on traversera le ruisselet qui donne naissance à la *Meurthe* et en forme la source.

On trouve à la Schlucht, dans le *Chalet* construit par M. *Hartmann*, de Munster, un restaurant et plusieurs chambres à coucher.

En s'avançant en Alsace d'un kilomètre environ jusqu'au tournant de la route, en vue du Chalet, on verra *Munster* et sa belle vallée.

Un autre coup d'œil, qui n'est pas à négliger par les personnes qui ne veulent pas monter au Honeck, c'est de faire la petite ascension du mamelon le Tanet, en face du chalet, mais de l'autre côté de la route ; on y verra *Colmar* et une grande partie de la plaine qui l'environne, le Rhin, la Forêt-Noire.

Ceux qui éprouvent de l'attrait pour un repas champêtre, pourront se donner ce plaisir en allant fixer leur tente dans la forêt, à 300 mètres environ du bâtiment des remises de la Schlucht, de l'autre côté de la route, sur le talus du chemin du Valtin, au bord d'une source ravissante que l'on nomme *Fontaine de la Duchesse*.

Un repas sur l'herbe nous semble le condiment indispensable de toute excursion en montagne.

On peut, de la Schlucht, rentrer à Gérardmer par Retournemer, en prenant au collet la nouvelle route forestière.

Le Honeck.

(Altitude, 1,366 mètres.)

De la Schlucht au Honeck, on ne peut faire le trajet en voiture, mais cette ascension n'est pas pénible et ne demande qu'une heure de marche depuis le Chalet.

Pour s'y rendre, prendre le sentier qui est près des remises de l'auberge, en se dirigeant vers le sud. On suivra à peu près la ligne de faîte de la montagne en appuyant un peu à gauche. Des indicateurs échelonnent le sentier.

L'abbé Jacquel, dans son *Itinéraire du canton de Gérardmer*, dit en parlant de cette montagne : « Nous ne pouvons que convier les amateurs de points de vue à venir au Honeck. Nous pouvons leur prédire d'avance qu'ils s'en retourneront contents. Là on se trouve à peu près placé au milieu de la chaîne des Vosges, dont la vue embrasse une longueur de plus de vingt lieues. »

Du Honeck on voit : à l'est, la chaîne de la Forêt-Noire, dont l'Alsace nous sépare ; l'Alsace, que le Rhin longe comme un galon d'argent ; au loin, la Jungfrau et les autres glaciers des Alpes bernoises. Devant soi, au sud, le ballon de Soultz ou Guebviller, 1,428 mètres ; tout près, le Rothenbach, 1,319 mètres ; au nord, le Donon avec ses deux têtes, 1,010 mètres ; à l'ouest, soit vers la France, les chaînons des Vosges qui se succèdent et se perdent dans le lointain.

On nomme chaumes, les chalets et pâturages que l'on rencontre sur ces hautes montagnes.

Les lacs Verts ou de Daaren, Noir et Blanc.

Ces trois lacs sont sur le versant alsacien des Vosges, au nord de la Schlucht.

Cette excursion, depuis ce dernier lieu, demande trois heures de marche et autant pour le retour; elle ne peut se faire qu'à pied. On conseille aux dames désireuses de l'entreprendre, de prendre au moins un âne comme porteur, ce qui leur permettrait de faire le trajet par relais, avec moins de fatigue.

On peut ne pas revenir sur ses pas en prenant, pour rentrer à Gérardmer, le chemin du lac Blanc au Valtin. Ce dernier trajet exigera cinq heures de marche. Il serait possible, en le suivant, de se faire chercher avec voiture soit au Rudlin, soit au grand Valtin, soit aux Fies. Dans ce cas, on abrégerait le trajet de trois, deux ou une heure.

On trouvera au lac Blanc, le plus éloigné des trois, un hôtel convenable.

Pour faire, de la Schlucht, l'excursion des trois lacs précédemment nommés, prendre en face de l'hôtel le chemin qui conduit à la métairie du Tanet; puis, sur la droite, suivre un sentier qui longe la ligne de faîte des montagnes. Après une heure de marche on rencontre les rochers qui couronnent le lac Vert. Sa surface est de 4 hectares et demi, son altitude de 950 mètres. On continuera à cheminer dans la même direction, toujours en inclinant un peu à droite, et une heure après, on arrivera aux rochers qui entourent le lac Noir et lui donnent la forme d'un entonnoir. La surface de ce lac est de 14 hectares, son altitude de 954 mètres. Puis enfin on aboutira au lac Blanc, qui a une surface de 32 hectares et une altitude de 1,058 mètres. L'hôtel est en vue du lac.

Ces lacs sont tous trois endigués par les industriels d'aval, qui, durant les sécheresses estivales, y trouvent un supplément très-important pour la force motrice de leurs usines.

La vue depuis ces hauteurs est admirable, la perspective des plus étendues ; c'est un spectacle grandiose.

Les lacs de Longemer et Retournemer, Cascade.

C'est la promenade obligée de quiconque vient à Gérardmer.

Le lac de Longemer est à 6 kilomètres de Gérardmer, au bas de la route de la Schlucht. Sa longueur est d'environ 2 kilomètres, sa largeur varie de 300 à 500 mètres. Sa surface est de 75 hectares, sa profondeur d'environ 30 mètres ; il est à 736 mètres au-dessus du niveau de la mer.

A l'aval de ce lac, sur la rive, est la propriété de M. Rigaud, professeur à l'école de médecine de Nancy, précédemment de Strasbourg ; le lac lui appartient aussi. On y pêche principalement de la perche; il nourrit également de belles écrevisses, de la truite et du brochet.

A proximité de l'habitation de M. Rigaud, est une chapelle dont la fondation, suivant une légende, serait due à un seigneur du nom de Bilon qui, au xie siècle, aurait quitté la cour de Gérard, duc de la Basse-Lorraine, pour venir faire pénitence dans ce lieu alors sauvage et solitaire.

Retournemer, dans la même direction que le lac précédent, est à 11 kilomètres de Gérardmer. Pour s'y rendre, on prend, au pied de la montagne, la belle route forestière qui longe, sur sa rive droite, le lac de Longemer. On a nommé ce lac Retournemer (778 mètres) parce que, arrivé là, il semble que la montagne n'offre plus d'issue au voyageur, et que celui-ci doit retourner en arrière. Sa surface est de 6 hectares, sa profondeur de 15 mètres.

La maison forestière de Retournemer sert aussi de restaurant au touriste, qui peut s'y faire servir sous des tonnelles garnies d'écorces, ou sous des hêtres et sapins gigantesques.

Le voyageur ne devra pas quitter Retournemer sans avoir visité la cascade que forment les eaux du lac en s'en échappant. Pour cela, il devra se rendre au bas du rocher, sur la gauche du ruisseau, en traversant celui-ci sur les ponts rustiques qui réunissent ses deux rives.

On peut, de Retournemer, se rendre à pied à la Schlucht, en prenant le sentier dit Chemin-des-Dames. Une heure de marche.

Le lac du Lispach.

Ce petit lac (904 mètres) tend à se combler. Il est placé à une lieue de celui de Longemer, au sommet de la montagne, vers la Bresse. Pour s'y rendre, prendre l'ancien chemin de Longemer, rive gauche de la Vologne, le suivre jusqu'au milieu de ce dernier lac, puis s'engager dans le chemin forestier au lieu dit la Basse-de-la-Mine. Arrivé au col, on trouvera le lac, à gauche, à 200 mètres devant soi. N'approcher ses bords qu'avec prudence.

La vallée de Granges et la Glacière.

La vallée qui de Gérardmer conduit à Granges, est une de celles dont l'aspect est le plus curieux. Les montagnes qui en forment les flancs sont tellement rapprochées, qu'elles paraissent intercepter le soleil, et ne livrer passage qu'à la route et à la rivière la Vologne; leurs pentes roides sont garnies de sapins et de rochers abrupts.

Cette vallée conserve cette dimension étroite durant

environ 7 kilomètres ; elle s'ouvre alors et la forêt disparaît. En approchant le lieu dit les Évelines, la vallée s'étend et se développe par Granges vers Bruyères.

C'est à la distance de 6 kilomètres de Gérardmer, que l'on rencontre, du côté opposé à la rivière, la glacière dite du Kertoff. Elle se trouve dans les cavités que forment les rochers détachés du flanc de la montagne. Des courants d'air amènent sous ces blocs de granit un refroidissement si vif, qu'il s'y forme de la glace jusque fin août.

L'industrie s'empare de la vallée de Granges qui, à son entrée surtout, offre un paysage remarquable. Il n'est pas rare d'y voir un artiste, armé d'un crayon ou d'une palette, reproduire, sur le papier ou la toile, un fragment de cette riche nature.

———

Le Saut-du-Bouchot.

(14 kilomètres.)

Cette cascade est au delà du village de Rochesson, tout près de la route de Remiremont ; elle est fort remarquable ; sa hauteur est de plus de 30 mètres. M. E. Saucerotte, dans sa *Description de Gérardmer et ses environs*, en parle ainsi : « Le ruisseau qui la forme s'élance avec impétuosité, et ses eaux tombent en deux bonds contre des rochers où elles se brisent en écume et en fumée. La rapidité de la chute, le bruit qui l'accompagne, la masse d'eau qui se précipite dans le bassin, forment un spectacle majestueux et imposant. »

On ne pouvait mieux dire.

La cascade de Tendon.

(15 kilomètres.)

Pour s'y rendre, on suit la route du Belliard jusqu'au Tholy, puis dans cette localité on prend la route d'Épinal, en s'élevant près de l'église.

Cette cascade, à cause de sa grande hauteur et de sa chute étagée, est à la fois intéressante et coquette. On peut en entendre le bruissement de la route, dont elle n'est éloignée que de dix minutes.

La Bresse, Cornimont et Saulxures,
avec retour par Vagney.

(50 kilomètres en tout.)

Parcours dans les vallées industrielles de la Moselotte ; vue, à Cornimont, des châteaux et jardins de M. Perrin ; à Saulxures, de la propriété princière de Mme Géhin.

A la Bresse, on pourra visiter les lacs des Corbeaux et de Blanchemer.

La vallée de Ramberchamp, l'Écho.

On nomme vallée de Ramberchamp, un petit vallon que l'on rencontre à sa gauche, en arrivant au chalet de M. de Saulx, sur le lac. Quelques fermes peuplent ce vallon.

On peut en faire le tour, en suivant le grand chemin qui s'avance entre prés et forêt; on ira jusqu'à la butte qui paraît fermer cette vallée. Arrivé là, on prendra, derrière cette butte, un sentier à droite; on suivra ce sentier jusqu'au ruisseau, qu'on traversera; puis on reviendra vers le lac par le chemin qui longe ce ruisseau, au bord de la forêt.

Rien de plus délicieux que cette promenade d'une heure.

C'est vers le fond de ce vallon, en face de la dernière ferme qui est un blanchissage de toile, que, sur le grand chemin, on peut entendre dans la forêt, au delà de la ferme prédésignée, un écho qui répète les paroles d'une manière très-distincte.

A un kilomètre au delà de Ramberchamp, en suivant la même rive du lac, et environ à 300 mètres plus loin que le fond du lac, on gagnera la cascatelle dite de Mérelle.

La Goutte-du-Chat, le Phoëny,
le Saut-de-la-Bourrique.

Si, au lieu de faire le tour du vallon de Ramberchamp on poursuit le chemin qui est l'ancienne route de Rem remont, on pourra, à la rencontre des premières ma sons, prendre un sentier à gauche, remonter le vallon de la Goutte-du-Chat, jusqu'à la rencontre de la ro actuelle de Remiremont, que l'on descendra pour rent à Gérardmer.

Belle promenade d'une heure et demie.

On pourra aussi remonter cette route de Remirem jusqu'au sommet de la côte, et, là, prendre un senti gauche pour rentrer par la Creuse.

Deux petites heures.

Si, au lieu de prendre le vallon de la Goutte-du-C on continue le chemin de voitures, on s'élèvera su montagne dite le Phoëny, au col de Rochesson. T heures, aller et retour.

Un marcheur plus intrépide pourra, en gagnant su droite les hauteurs qui couronnent le Phoëny, arriver le plateau dit le Haut-de-la-Charme et, de là, jouir de vue qui s'étend au loin sur Vagney, Remiremont et Moselle. Cinq heures, aller et retour.

C'est vers le bas du Phoëny que l'on voit la petite cascade dite le Saut-de-la-Bourrique.

La Vierge de la Creuse.

Très-intéressante promenade d'une heure ou une heure et demie, dans le vallon en face de l'Hôtel de la Poste.

Au sommet du vallon de la Creuse, sur la gauche, on voit une Vierge peinte sur un rocher. Suivant la tradition, le rocher, un jour, se serait fendu et l'image de la Vierge ainsi peinte est apparue aux regards.

A quelques pas de ce rocher, au bord du chemin, est une fontaine à laquelle on donne la vertu de guérir les maux d'yeux.

En continuant à suivre ce chemin, on rencontrera sur sa gauche une tourbière et des prairies qui jadis formaient des étangs appartenant à l'abbaye de Remiremont. On voit encore les digues qui fermaient ces étangs.

Vers le milieu de la tourbière, sur le chemin, on reconnaîtra l'existence d'un écho.

Pour rentrer à Gérardmer sans revenir sur ses pas, prendre au delà de la tourbière, à droite, un sentier gazonné par lequel on gagnera la route de Remiremont ; ou bien encore, aller jusqu'à la maison d'école et la route de la Bresse pour revenir comme il vient d'être dit.

La Rayée, la Roche-du-Rain.

Le mamelon au pied duquel est construit Gérardmer et son Hôtel de ville, se nomme la Rayée, et le rocher qui s'élève au-dessus de cet édifice, est la Roche du Rain.

Partout sur ce mamelon, et surtout au-dessus du rocher, on jouit d'une vue merveilleuse.

Cette promenade demande d'une demi-heure à deux heures, suivant qu'on veut plus ou moins l'étendre.

Les Goutteridos et les Rochires.

On nomme Goutteridos, le vallon qui existe au delà de l'église, en face l'ancien établissement hydrothérapique, et les Rochires, les maisons construites sur la rive droite du ruisseau, au flanc de la montagne.

C'est une très-jolie promenade que l'on peut faire sans fatigue, que celle du vallon ; on peut la prolonger jusque dans la forêt.

Pour jouir d'une des plus belles vues de Gérardmer, il faut hardiment s'élever au-dessus des maisons des Rochires, et gagner le haut de la montagne. Où que ce soit qu'on arrête ses pas, on aura une vue splendide, qui du sommet s'étendra de la vallée de Granges jusqu'au délà du Tholy.

Une ou deux heures de promenade.

Pont-des-Fées, Basse-de-l'Ours.

C'est une ravissante promenade que celle qui, dans la forêt, au bord de la rivière la Vologne, vous conduit du Pont-des-Fées à Kichompré.

Pour faire ce trajet, on suit la route de Saint-Dié jusqu'au lieu dit *la Cercenée*, au delà du boulanger Valence-André ; on prend alors à gauche, à travers champs, un chemin qui est l'ancienne route de Saint-Dié, lequel traverse la rivière sur un pont dit le Pont-des-Fées. De ce pont on descendra dans la forêt en longeant la Vologne, et on arrivera à la route de Granges, au lieu dit Kichompré, derrière le tissage mécanique de la famille Garnier-Thiébaut.

C'est le long de cette rive que se trouve la Basse-de-l'Ours.

Pour rentrer à Gérardmer, on suivra la route, ou, si on veut allonger la promenade, on traversera la Jamagne au dessus des scieries du Larron, pour arriver à la Haie-Griselle.

Dans le premier cas, promenade de deux heures.

Kichompré.

L'on peut se rendre à Kichompré par la route de Granges, par la Haie-Griselle, par la charmante petite

route forestière de la Vologne, et, enfin, par le chemin
de fer.

Hôtel-restaurant nouvellement construit.

La Haie-Griselle, la Trinité.

La Haie-Griselle est la section de Gérardmer au pied de
laquelle coule la Jamagne; c'est celle qui étend ses maisons blanches et disséminées sur le coteau de la montagne,
comme des lis dans un jardin.

La Trinité est une chapelle antique, rattachée à une
maison de ferme, entourée de grands ormes et de tilleuls
remarquables.

Cette promenade est des plus faciles.

Pour se rendre au haut de la Haie-Griselle, on suivra
un chemin de voiture près de l'Orphelinat, en laissant cet
établissement à 100 mètres à gauche; on montera à droite.

On se rendra à la Trinité, soit par le chemin qui vient
d'être désigné, soit, plus directement, par la prairie, vers
le calvaire, qu'on laissera à gauche. On traversera la Jamagne et on s'élèvera insensiblement par un sentier bordé
d'arbres jusque la Trinité.

De ces hauteurs, vue très-étendue sur les montagnes et
vers la Schlucht.

Pour en revenir, en appuyant un peu à gauche, on
prendra un chemin qui conduit à l'entrée de la vallée de
Granges, ou à la scierie dite des Hagis.

Cette promenade se fera en deux ou trois petites heures, suivant qu'on aura voulu l'allonger.

Vallon du Cresson.

Le touriste allongera de trois quarts d'heure environ la promenade du tour du lac, en suivant ce vallon, situé derrière l'extrémité sud-ouest du lac de Gérardmer. Il rejoindra l'une ou l'autre rive, soit par la route de Remiremont qu'il rencontrera à la hauteur de la maison d'école de Beillard, soit par la forêt, où il retrouvera le chemin de Mérelle.

Liézey et Champdray.

Le chemin des voitures s'embranche sur la route de Remiremont, un peu au delà de la tourbière du Beillard. Liézey se trouve à deux kilomètres de ce point, sur la hauteur, dans une situation fort pittoresque.

Un autre chemin, praticable seulement aux piétons, longe en pente douce le bas les Xettes, traverse la belle forêt de Rougimont, et conduit en deux petites heures à Liézey.

Troisième itinéraire : Suivre le chemin qui prend sur la

route du Beillard, à l'extrémité du pré attenant à la première maison que l'on rencontre à sa droite, à partir du bout du lac. Ce trajet est moins direct, et moins bien tracé que le précédent. Les promeneurs ne doivent pas craindre de le suivre pourtant, surtout à l'aller, car après 30 ou 35 minutes de montée, ils trouveront deux maisons, dont l'une est une maison forestière ; les habitants leur enseigneront complaisamment la direction à suivre. Bientôt d'ailleurs, des poteaux indicateurs seront également placés dans cette partie de la forêt.

Retour par un des chemins décrits ; ou bien, promenade jusqu'à Champdray, par une bonne route. Vue sur la vallée de la Vologne, Bruyères, et au delà les Rouges-Eaux, etc. Descente de Champdray à Granges, où l'on retrouvera le chemin de fer pour rentrer à Gérardmer.

Chemin et sentier de Vologne.

Le chemin de Vologne, qui va de Kichompré au pont de Vologne, est l'une des plus charmantes promenades des environs de Gérardmer, d'autant plus précieuse, qu'elle convient aux plus petits marcheurs. Ils pourront, s'ils craignent la fatigue, se rendre à Kichompré par le chemin de fer, rejoindre le pont de Vologne par le chemin dont il s'agit, et rentrer en ville par la route de Saint-Dié ; ou encore, retourner à Kichompré par le sen-

tier de Vologne qui longe la rive gauche du ruisseau, pour
retrouver la voie ferrée. D'autres enfin font tout le trajet
en voiture, ou bien ils quittent la voiture à Kichompré,
remontent la rivière jusqu'au pont de Vologne, où le
conducteur va les attendre.

———

Chaume de Grouvelin.

Deux chemins de piétons ; l'un par le Rayée, l'autre par
les Basrupts, avec retour par les Goutteridos ou Grosse-
Pierre.

Des poteaux indicateurs permettent au touriste de s'engager par l'un ou l'autre côté, sans crainte de s'égarer.
Charmant panorama de la chaîne des Vosges, dans toutes
les directions.

———

Butte-du-Larron, Roche-des-Artistes.

Un peu au delà du Larron, à 500 mètres de Kichompré,
monticule séparant la route de la Jamagne et de la voie
ferrée. Retour par la fontaine du Cresson, le Vieil-Étang,
la Cercenée. Prendre le sentier au Larron.

———

Chemin du Crucifix, les Rochires, les Goutteridos.

Premier chemin à droite, sur la route de Saint-Dié, à 500 mètres de la bifurcation de la route de Granges. Pénètre presque immédiatement dans la forêt, et en sort au-dessus de Xonrupt, remonte aux Quatre-Feignes, et de là rejoint le chemin des Rochires et les Goutteridos, d'où l'on domine Gérardmer, le lac, la vallée du Tholy, etc.

Saint-Jacques.

Monter le chemin des Goutteridos ; arrivé au sommet, on trouvera des indicateurs fort utiles. De Saint-Jacques, descente au lac Lispach. De là si l'on veut, à Longemer. Ou bien allonger la course en suivant le chemin des Feignes-sous-Vologne ; de là revenir à Retournemer, où, si l'on n'est pas très-bon marcheur, l'on se fera prendre en voiture.

Martimpré, la Roche-du-Page.

L'on peut se rendre à Martimpré en suivant continuellement la grande route de Saint-Dié ; soit en passant par le Pont-des-Fées et l'ancienne route de Saint-Dié.

Un peu avant d'arriver à la maison forestière de Martimpré, située à la sortie du bois, sur la route de Saint-Dié, un chemin forestier quitte la grande route et se dirige à droite vers les Fies. Là, le touriste trouve un sentier qui le conduit à la Roche-du-Page, puis, par le chemin du Valtin, sur la route de Longemer, près du Saut-des-Cuves. Belle promenade en forêt; éclaircies avec vue de Gérardmer.

Nayemont.

Presque vis-à-vis de la maison forestière de Martimpré, à gauche de la route par conséquent, est un petit chemin qui conduit à Nayemont. Descente à Kichompré par la Basse-de-l'Ours.

Autres promenades et Conclusion.

Nous venons d'indiquer les promenades, soit les plus en vogue, soit les plus voisines de Gérardmer. Déjà le touriste qui les aura parcourues pour la plupart, sera familiarisé avec le pays; il en connaîtra la topographie; il saura lui-même se diriger et s'élever à travers les forêts, sur les montagnes environnantes. Partout il trouvera de charmantes excursions, des points de vue admirables, des sites pittoresques ; partout aussi des paysages remplis de charme et de fraîcheur.

Si le touriste prolonge son séjour à Gérardmer, il voudra sans doute aussi visiter le vallon dit de l'Enfer, entre Liézey et le Tholy; le Grand-Kerné, au delà de la Trinité, sur la vallée de Granges; Narouel et Fonie, vers le Grand-Valtin ; Sérichamp , dans la même direction ; et bien d'autres points de vue, dont la description ou l'indication serait trop étendue.

Quiconque aura respiré, durant une ou plusieurs semaines, cet air pur, au bord de ces eaux claires et limpides, aura parcouru les pelouses des chaumes, avec leurs plantes aromatiques, aura vécu au milieu de ces sapins élancés, au parfum si suave ; quiconque quittera Gérardmer dans ces conditions, aura fait une ample provision de santé, reposé son esprit, et retrempé son âme dans de délicieuses sensations.

ENVIRONS DE GÉRARDMER.

PROMENADES A PIED.

Nᵒˢ.	ITINÉRAIRES.	HEURES de marche.
1.	Le tour du lac	1 1/2
2.	De Gérardmer à l'Écho de Ramberchamp. — Retour par derrière la butte des Fontenottes et le pont des Singes	1 »
3.	De Gérardmer à la fontaine Paxion par l'Écho de Ramberchamp et le sentier sous bois dont l'amorce est en face de l'Écho. — Retour par la route de Remiremont	1 1/2
4.	De Gérardmer au haut du Phény et à la Charme par le pont des Rochottes. — Retour par le col de Sapois, le Saut-de-la-Bourrique et le vallon de Ramberchamp (ancienne route de Remiremont)	3 »
5.	De Gérardmer à l'Observatoire du Phény par le chemin des Rochottes. — Retour par la cascade de Mérelle et le lac	2 1/2
6.	De Gérardmer à la cascade de Mérelle par la villa de Kattendyke. — Retour par l'Observatoire du Phény et le chemin des Rochottes	2 1/2
7.	De Gérardmer à l'école du Beillard par la route du Tholy. — Retour par le vallon du Cresson et le lac	2 1/2
8.	De Gérardmer à la fontaine Paxion et au haut de la Côte par la route de Remiremont. — Retour par le Grand-Étang et la Vierge de la Creuse	1 1/2
9.	De Gérardmer à la Vierge de la Creuse et au Grand-Étang. — Retour par le haut de la Côte, les Poncés, la Goutte-du-Chat et Ramberchamp	2 »
10.	De Gérardmer à la Goutte-du-Tour et au Biazot par la Roche-du-Bain et la Tête-du-Costet. — Retour par la Basse-des-Rupts	2 »
11.	De Gérardmer au haut de la Rayée jusqu'à la rencontre du chemin forestier. — Retour par le Grand-Étang et la Vierge de la Creuse	1 1/2
12.	De Gérardmer au sommet du Barreau (altitude : 1,008ᵐ) par le chemin de la Chaume-de-Saint-Jacques, chemin que l'on quitte au haut des Gouttes-Ridos pour prendre à gauche un sentier sous bois qui débouche à la tête du Barreau. — Retour en descendant la *Schleff*	
	jusqu'à la rencontre du chemin forestier des Rochires et en suivant ce chemin par le Crucifix jusqu'au Bergon, où il se raccorde avec la route de Saint-Dié	2 1/2
13.	De Gérardmer à la Chaume-de-Grouvelin par la Basse-des-Rupts et le Biazot. — Retour par les Hautes-Vannes, le Grand-Étang et la Vierge de la Creuse	3 »
14.	De Gérardmer à Grosse-Pierre par la Vierge de la Creuse, le Grand-Étang, le Saint-Nicolas et le haut de la Poussière. — Retour par la route de La Bresse	4 »
15.	De Gérardmer au lac de Lispach par les Gouttes-Ridos, la Chaume-de-Saint-Jacques sur Gérardmer. — Retour par la Basse-de-la-Mine, l'Envers-de-Longemer et le Saut-des-Cuves	4 1/2
15 bis.	(Même promenade par la Chaume-de-Saint-Jacques sur la Bresse. C'est en haut des Gouttes-Ridos, à l'entrée de la forêt, que le chemin se bifurque et que les promeneurs pourront opter entre l'une ou l'autre des deux directions, qui diffèrent très-peu quant à la distance.)	4 1/2
16.	De Gérardmer à la Roche-du-Page par le Pont-des-Fées, la vieille route de Saint-Dié, le chemin forestier de la Beheuille. — Retour par la route du Valtin et le Saut-des-Cuves	3 1/2
17.	De Gérardmer au haut de la côte de Martimpré par le Saut-des-Cuves. — Retour par la vieille route de Saint-Dié et le Pont-des-Fées	2 »
18.	De Gérardmer au Saut-des-Cuves. — Retour par le sentier de la rive droite de la Vologne et le Pont-des-Fées	1 1/2
19.	De Gérardmer à Kichompré par la route de Granges. — Retour par la rive droite de la Vologne, le Pont-des-Fées et le Saut-des-Cuves	2 1/4
20.	De Gérardmer à Kichompré par le Saut-des-Cuves et le sentier de la rive gauche de la Vologne. — Retour par la route de Granges et la butte du Larron	2 1/4
21.	De Gérardmer à Kichompré, à la Basse-de-l'Ours et à la Grange-de-Cheny. — Retour par la ferme de Vologne, la vieille route de Saint-Dié et le Pont-des-Fées	2 1/2
22.	De Gérardmer à Nayemont par Kichompré et la Basse-de-l'Ours. — Retour par Martimpré et le Saut-des-Cuves	3 »
23.	De Gérardmer au Grand-Kerné par le chemin du haut de la Haie-Griselle, le Cerceneux-Mougeot et la ferme du Chaigotey. — Retour par la glacière du Kertof et Kichompré	3 »
24.	De Gérardmer à Miselle par le chemin du haut de la Haie-Griselle. — Retour par la Chennezelle et le haut des Xettes	1 3/4
25.	De Gérardmer à Liézey par le chemin du bas des Xettes et Rougimont. — Retour par le chemin qui aboutit à la route du Tholy, la maison d'école du Beillard, le vallon du Cresson et le lac	4 1/2
26.	De Gérardmer à Kichompré par le bas de la Haie-Griselle, la chapelle de la Trinité et le sentier des Grandes. — Retour par la route de Granges	1 1/2
27.	De Gérardmer au haut de la Haie-Griselle jusqu'à l'entrée de la forêt. — Retour par la chapelle de la Trinité, la scierie Gaudier et le Calvaire	1 1/2
28.	De Gérardmer au Vieil-Étang par la route de Granges et le haut des Cerceneux. — Retour par le Larron, la Feutrerie et le bas de la Haie-Griselle	1 1/2
29.	De Gérardmer à Grosse-Pierre par la Vierge de la Creuse, les Bas-Rupts et la route de La Bresse. — Retour par la Chaume-de-Grouvelin en suivant la lisière de la forêt qui délimite le territoire de Gérardmer de celui de La Bresse, ligne sur laquelle se trouve la Roche-des-Bloqués (altitude : 1,032ᵐ). De Grouvelin revenir à Gérardmer par les Hautes-Vannes ou par le Biazot	4 »

GRANDES EXCURSIONS[1].

Nᵒˢ.	ITINÉRAIRES.	HEURES de marche.
1.	De Gérardmer à Retournemer par le Saut-des-Cuves, le lac de Longemer. — Revenir, en faisant le tour du lac et de la cascade de Retournemer, par le chemin qui longe la rive méridionale du lac de Longemer	5 »
2.	De Gérardmer au Trou-de-l'Enfer par le Beillard, Firbacôte et Rechaucourt. — Retour par Varinfête, Renaufaing, Liézey et Rougimont	5 1/2
3.	De Gérardmer à Retournemer. — Retour par le col des Feignes-sous-Vologne, le lac de Lispach et la Chaume-de-Saint-Jacques	6 »
4.	De Gérardmer à La Bresse — Retour par la colline de Chajoux, le lac de Lispach, la Basse-de-la-Mine, Longemer et le Saut-des-Cuves	6 »
5.	De Gérardmer à Liézey, à Champdray et au Spiemont; descendre à Granges et revenir par la vallée de la Vologne	8 »
6.	De Gérardmer à la Schlucht par la route de la Roche-du-Diable. — Retour par le Honeck, le sentier du Club alpin, Retournemer, Longemer et le Saut-des-Cuves	8 1/2
7.	De Gérardmer à La Bresse. — Retour par le lac des Corbeaux, la colline des Feignes-sous-Vologne, le lac Blanchemer, le col des Feignes-sous-Vologne, Retournemer et Longemer	9 »
8.	De Gérardmer au Rothenbach par Retournemer, le Chitelet, la Chaume-de-Ferschmuss. — Retour par le lac Marchet, La Bresse et Grosse-Pierre. (Aller coucher à Retournemer.)	11 »
9.	De Gérardmer au Ballon de Guebviller par la Schlucht, le Honeck, le Rothenbach, le Rheinkopff; descendre à Wesserling. — Retour par Wildenstein; le col de Bramont et La Bresse. (Course de 2 jours 1/2. Aller coucher à la Schlucht, prendre un guide de la Schlucht à Wesserling, 12 heures. — Coucher à Wesserling. — De Wesserling à Gérardmer, 8 heures.)	
10.	De Gérardmer aux lacs Blanc et Noir par le Valtin, le Rudlin et le Luchpach. — Retour par les Crêtes, le lac Daaren, la Roche-Thanneck, la Schlucht et Retournemer. (Aller coucher au lac Blanc.)	
11.	La cascade de Tendon par le Tholy. (Aller et retour en voiture.)	4 1/2

1. Une grande partie de ces excursions peuvent se faire en voiture. Les renseignements utiles seront fournis par les hôteliers ou les loueurs de voitures. Ainsi, la dixième excursion peut être faite en une journée par les plus petits marcheurs.

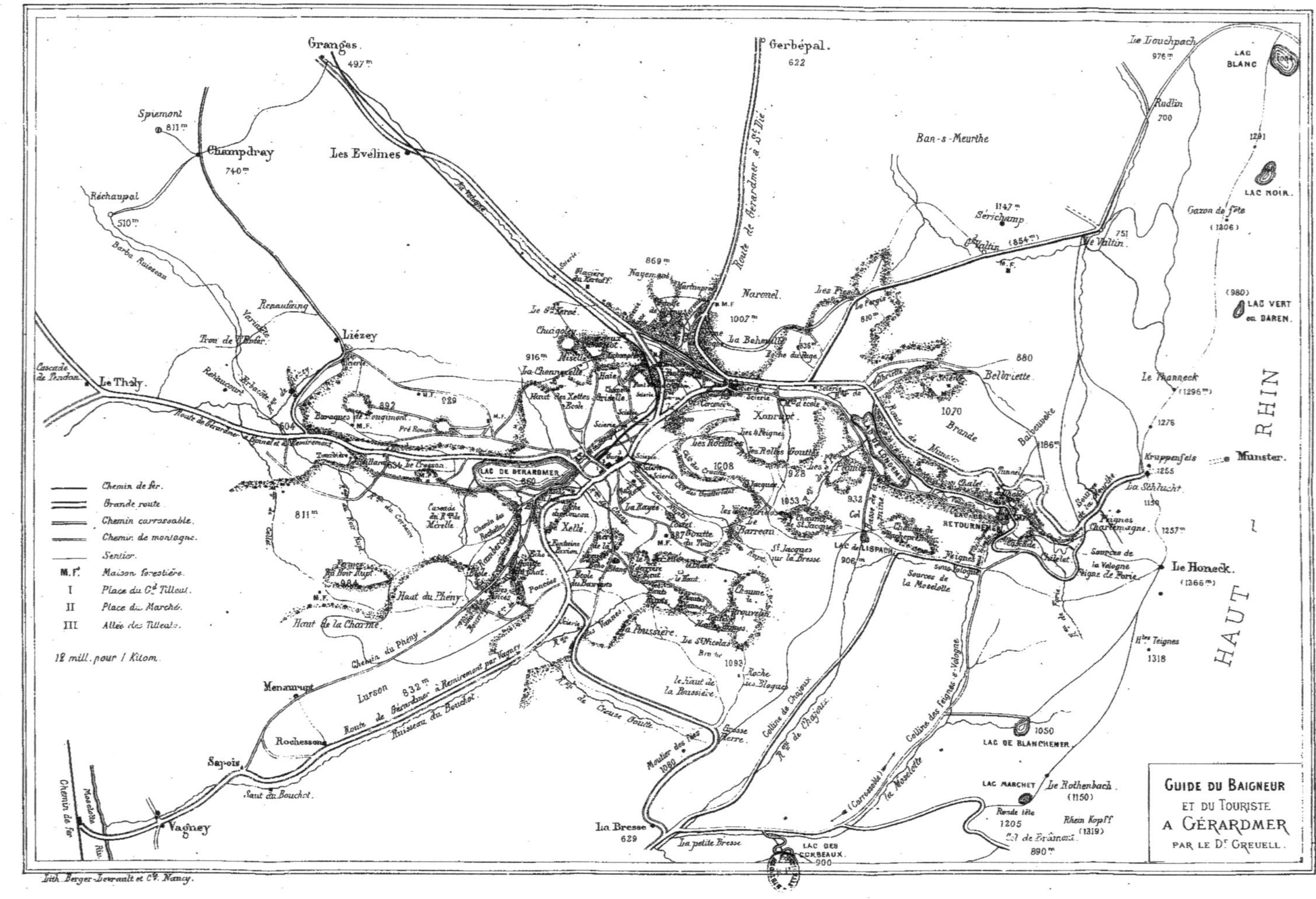

Granges. 497m
Gerbépal. 622
Le Louchpach 976m
LAC BLANC
Spiemont 811m
Champdray 740m
Les Evelines
Réchaupal 510m
Ban-s-Meurthe
Rudlin 700
1291
LAC NOIR.
Barba Ruisseau
Repaudaing
Liézey
1147m Sérichamp
Valtin (854m) Le Valtin
751
Gazon de fête (1306)
Cascade de Fondon
Le Thöly
869m
Nayemont
Naromel.
Les Fies
(980) LAC VERT ou DAREN.
Route de Gérardmer à St Dié.
604
892 929
M.F.
Le Sté Verté
Chuigolay
916m Miselle
La Chennevelle
Haut des Xettes
880
Belbriette
Le Thanneck (1296m)
Xonrupt
les h.Feignes
les Rochures
la Rollos Goutte
1070
Brande
Balbeuxoke 186m
1276
Kruppenfeis 1255
Munster.
811m
LAC DE GERARDMER 660
1608 928
1053 932
Chalet
LACS DE RETOURNEMER
La Schlucht
1150
Cascade du Saumon
Xelté
Le Barreau
St Jacques
St Jacques sur la Bresse
Col
LAC de LISPACH 906m
Feignes sous-Vologne
1257m
Feignes Charlemagne
Sources de la Vologne Feigne de Forie
Le Honeck. (1366m)
Haut du Phény
Sources de la Moselotte
Hts Teignes 1318
Haut de la Charme
Chemin du Phény
Poussière
Le St Nicolas
Roche des Bloques
le Haut de la Poussière
Colline de Chajoux
Lurson 832m
Route de Gérardmer à Remiremont par Vagney
Ruisseau du Bouchot
Colline des feignes s-Vologne
Colline de Chajoux
1050
LAC DE BLANCHEMER
Menaurupt
Moulin des Fées 1080
Grosse Terre
(Carrossable) le Moselotte
Rochesson
Saut du Bouchot
LAC MARCHET (1150)
Le Rothenbach
Ronde tête 1205
Rhein Kopff (1319)
Sapois
La Bresse 629
la petite Bresse
LAC DES CORBEAUX 900
Col de Brament 890m
Chemin de fer
Moselotte Rivière
Vagney
GUIDE DU BAIGNEUR ET DU TOURISTE A GÉRARDMER PAR LE Dr GREUELL.
Chemin de fer.
Grande route.
Chemin carrossable.
Chemin de montagne.
Sentier.
M.F. Maison forestière.
I Place du Gd Tilleul.
II Place du Marché.
III Allée des Tilleuls.
12 mill. pour 1 Kilom.
HAUT RHIN
Lith. Berger-Levrault et Cie Nancy.